Christophe André

幸福的艺术

品味幸福的25课

[法] 克里斯托夫·安德烈 著
司徒双 完永祥 司徒完满 译

DE L'ART DU BONHEUR

25 leçons pour apprendre à vivre heureux

生活·讀書·新知三联书店

向安德烈·孔特－斯蓬维勒
致以友好的敬意及感激之情

纪念与阿列特和雷米
共同度过的幸福及不幸的时光

前言

幸福就像一件艺术品

阿兰[1]写道:"绘画是独自举行的仪式。"是什么使我对绘画如此着迷,并想探究它对我们灵魂的影响?是我作为精神科医生的职业习惯,还是我对内心世界及寂静情有所钟,抑或是我对情感的跌宕起伏难以释怀?我说不清,但我很愿意将这一体验及其益处传授给读者:面对一幅画作,放缓呼吸,保持静默,听凭作品向我们倾诉,任由画面萦回脑海,让它占据我们的全部身心……

本书中的25幅杰作代表了幸福的面貌、形状和姿态。这25幅画促使我们去感受、冥想、思考。这25节"课"帮助我们培育获取幸福的能力。

这些描绘幸福的画家,有的一生安乐,也有的时常或一直生活在

1 Alain(Emile-Auguste Chartier, 1868—1951),原名埃米尔-奥古斯特·沙尔捷,法国哲学家和评论作家。

不幸之中。然而，他们无不渴望幸福，对获取幸福的必要深信不疑。他们之中，即便是功成名就者，也深知幸福来之不易、转瞬即逝，幸福的出现和消失都不可避免。

幸福是一种活生生的情感，它诞生、成长、绽放、衰败直至消亡。幸福也有周期，如同昼夜交替。这一自然运动将成为本书的导线——阿里阿德涅线团[1]，这里汇集的杰作描绘了幸福的早晨、正午、黄昏和夜晚。当然还有它那永恒的复苏……

有许多人说：

谁会让我们看到幸福？

——《旧约·诗篇》4

---

1 希腊神话中女神阿里阿德涅曾给雅典英雄忒修斯一个线团，帮助他在杀死怪兽后逃出迷宫。书中以此比喻导线或解决问题的办法。

目录

《地理学家》，1668 年

约翰 · 弗美尔（1632—1675）

油画，52 厘米 ×45.5 厘米，德国美因河畔法兰克福，施塔德尔艺术馆

弗美尔创作此画时，科学发展史上正经历着一场深刻的变革：就在此前三十年，研究星辰、大地和生命本质曾被视为违背天意之举，伽利略曾因地球绕太阳运行的发现被判罪，并被迫下跪，公开发誓放弃该学说。到了 17 世纪，科学的“好奇心”不再遭到宗教当局的禁止，亦不会被保守的人文主义者弄得名誉扫地。

如今，关于幸福的科学研究有时还会招致某些文人学士的嘲讽。这些嘲讽徒劳而荒谬，似乎知道了玫瑰香精的化学成分，就会使玫瑰花不那么芳香和诗意……

序言

幸福之谜 >>>

寻找幸福的时间如此漫长，以至于我们怀疑它是否存在，甚至疑惑这种寻觅的意义。于是我们又照样过着平淡的日子，既不完全沉浸在忧愁之中，也不十分快活。然而，直觉让我们无法否认幸福的存在，像一个需要解决的问题，一个亟待解开的谜团。

约翰·弗美尔[1]画中的地理学家正在力图解开另一种性质的奥秘。或许是关于天堂之谜？直到17世纪，许多人猜想天堂在地球的某个地方，不少人猜测其最可信的位置可能在东方、南美……尽管这位地理学家与我们相隔数百年，但他的寻觅与我们十分相近。他在自己封闭的书房里，满怀憧憬地规划着世界地图。而我们同样从自己切身的体验出发，对幸福加以思考。

事实上，我们一直在寻找幸福。早在两千多年以前，哲学家们就已经将幸福定为哲学研究的首要目标——“eudemonisme”（幸福）来自希腊文“*eudaimonismos*”。哲学研究的目的就是帮助人们生活得更幸福。近年来，科学家们满怀激情地关注幸福，给这种激情起了一个不那么诗意的名称：“主体福祉”。在他们眼中，它具备一切美德：使人健康长寿，乐善好施……

---

1 Johannes Vermeer（1632—1675），17世纪荷兰画家，以风俗画为主。

艺术家们也谈论幸福和它那割舍不去的阴影：灾难。诗人、作家、音乐家的作品，催人泪下，或让人骤然感到轻松、自信、快乐。画家们则更洞察入微，其画作令人思绪万千，改变看待现实的固有方式，领略欢愉时刻，体会不幸的情感。绘画可以成为一个向导，它本身就奥妙无穷，超越言辞和推理，只通过形象和隐喻向我们倾诉，从而帮助我们揭开幸福之谜。

这位地理学家也在设法破解谜团。他已经进行了长时间的思考、计算，找到答案，改变主张，发现偏差……现在他抬起头来，转向阳光射入的地方，目光透过窗户远眺。此画如同弗美尔所有的画作，窗户总是在画面的左侧。这位地理学家经过深思熟虑，意识到科学、工作和智慧已经不能够满足他的追求，还需要直觉或激情之类的情感。这个折磨他的解决问题的办法并不在身外，不在他的地图、地球仪、圆规的尖端，而在他自己心中。在这个历史的重大时刻，人们渐渐地不再相信天堂的存在——无论是在地上或在天上。而弗美尔笔下的这位地理学家隐约地感到，他所寻找的通往天堂之路并不在别处，而在自己的内心深处。

不要取笑，不要哭泣，
不要憎恨，而是要理解。

——斯宾诺莎[1]

1 Benedict Spinoza（1632—1677），荷兰哲学家。

早晨：幸福的诞生

《盛开的杏花》，1890 年

樊尚 · 梵 · 高（1853—1890）

油画，73.5 厘米 ×92 厘米，阿姆斯特丹梵 · 高博物馆，樊尚 · 梵 · 高基金会

1890年2月，当梵·高于栖身的圣莱米-德-普罗旺斯[1]收容所作这幅画时，身体状况很差，阵阵发作的精神错乱使他十分虚弱。同年7月画家饮弹自尽。然而，就在当年1月31日，他弟弟德奥的儿子在巴黎降生了，梵·高是这个孩子的教父，此画正是为侄子而作，为的是让这个刚降生的生命像杏花一样，在冬日结束时朝天怒放。

5月，梵·高离开普罗旺斯去奥维尔-叙尔-瓦兹[2]接受加舍医生的治疗。途经巴黎时他去看望自己的教子，捎去了这件礼物，在婴儿的摇篮前流下了激动的泪水。画中对大自然的讴歌，表达了梵·高对造物主无限慷慨的由衷赞美："凝视大自然令我心醉神驰，直至昏厥，此后大约半个月光景，我竟然无法工作。"

---

1 Saint-Remy-de-Provence，梵·高生命晚期的栖身之地。
2 Auvers-sur-Oise，梵·高生前最后居住的地方。

像生命一样坚强和脆弱 >>>

杏花朝天怒放，朵朵跃入蓝天。映入眼帘的只有洁白的花瓣和蔚蓝的天空。花儿宛如幸福的化身：像生命一样坚强与脆弱。

梵·高[1]此时已被内心的冲突和精神病折磨得精疲力尽，却以一种超凡脱俗、迅如闪电的节略手法，将全部注意力集中于本画的要点：生命跃入苍穹并进入更高境界。他仰面朝天作成此画，对周围的一切视而不见。他去掉所有风景的描绘或无关紧要的细节，甚至省略了树的主干，为的是集中描绘两个极端的融合：花儿与空间，蓝色与白色，消亡与永恒，大地与苍穹……

为了恒久地向我们传递面对杏花怒放时感到的刹那间幸福，画家似乎暂时忘却了病痛的折磨。

> 人为幸福而生，
> 整个大自然必定是这样教诲的。
>
> —— 安德烈 · 纪德[2]

---

1 Vincent Van Gogh（1853—1890），伦勃朗以后荷兰最伟大的画家。

2 André Gide（1869—1951），法国作家，1947 年获诺贝尔文学奖。

《盛开的杏花》

梵·高的教诲：凝望天空

“追随大自然”，古代哲学家熟谙幸福与自然之间存在的有机联系。大概正因如此，人们想象中的天堂是一座花园，而不是一座宫殿。从字源学上说，天堂一词来自波斯文的“*pari-deiza*”，由此衍生出希腊文的“*paradeisos*”，意思是一片绿洲，四周筑有围墙，以阻挡来自大漠的灼人风沙：幸福是如此脆弱……大自然帮助我们以多种方式理解和接近幸福。它让我们对周围复杂的世界怀有一种宁静久远的眷恋之情：季节周而复始，我们喜爱的风景大致不变，动植物和谐生存。它教会我们无须有任何确切的期待：只要待在那里，充分享受大自然。

> 世间万物的相互关联与归属构成了大自然的和谐共生：只要生活在其中，便是一种运气。好好品味生存这一基本的幸福……

秉持进化论观点的心理学家认为，我们的许多行为举止和兴趣爱好来源于远古的动物性需求：倘若人类如此珍视一个美丽的自然景观——绿荫匝地的河流，洒满阳光的海滨——正是因为在那里看到了赖以生存的资源，有食物，也有休养生息的地方……然而，除了感到愉悦之外，还隐约萌生出深切的归属感，归属于这样一个包容并超越我们的大自然。因此我们不仅是在观察乃至欣赏大自然，实际上我们和大自然达成默契，以最基本的特征相互认同：都具有生命。当我们凝视一株鲜花盛开的树、观察起伏的波涛或飘浮的云彩时，我们便沉

浸在大自然中，回归到它的怀抱。

每当我们嗅到田野或森林的气息时，耳边萦绕的就是那来自远古的“天然重逢”的幸福回声。与大自然的交融，滋养着我们的幸福：这对幸福必不可少……

深夜里起来看风景，大自然从来，
从来没有如此动人、如此美妙。

——樊尚·梵·高

梵·高的这幅画本该题为“幸福的诞生”，绽放的幸福既脆弱又强大，扎根于生活并跃向非凡，这一切都在此表现得淋漓尽致。初生的幸福至关重要，但也最易受到伤害：践踏或忽视都轻而易举。这幅画让我们看到了初生幸福的美丽与脆弱，认识到它对于人生之必不可少。

就在这样美妙的时刻整个幸福诞生了。停下脚步，别作声，好好看一看，听一听，深呼吸。尽情欣赏并接纳初生的幸福，争取到所有幸福出现的地方去感受这最初始的第一课……

深夜，我漫步在这条林荫小径上，
一个栗子掉在了我的脚下。
它在裂开时发出的声响在我心中引起共鸣，
这一微不足道的事引起了我强烈的震撼，
令我仿佛沉浸在奇迹之中，
为之陶醉，似乎疑问不复存在，
有的只是答案。

—— 埃米尔·西月朗[1]

1 Emile Cioran（1911—1995），罗马尼亚作家、评论家和伦理学家，主要生活在法国。

《女人的三个年龄段》，1905 年

古斯塔夫·克里姆特（1862—1918）

油画，178 厘米 ×198 厘米，罗马国家现代艺术馆

克里姆特通过女性的形象呈现他的世界，她总是非常性感，常常有点神秘，有时让人惧怕。在他的作品中，女性的柔美无处不在。而克里姆特本人却是不苟言笑，几乎达到粗鲁的程度，在他熟悉的人眼中，他是一个在生活中笨手笨脚的人，一个对社交应酬和商业琐事不感兴趣的独行者，只能在工作中找到幸福。他宣称："我深信自己不是一个特别有意思的人。"在与女性的关系方面，大家知道他有过三个私生子。曾与他共同生活并给他以创作灵感的艾米莉·弗洛日如是评价："像他这样一位真正的艺术家，只为其作品活着……克里姆特是一个慢性的创作者……因而他需要一种持久的、火一般的热情。"

幸福，动物（本能）的观念……

—— 保罗·华列里[1]

---

1 Paul Valery（1871—1945），法国作家，法兰西科学院院士。

最初的幸福 >>>

孩子蜷缩着依偎在母亲的怀里。两人在一种温柔和动情的拥抱中进入梦乡。紧紧地贴着母亲干瘦的胸脯的小家伙，仿佛要将自己完全浸润在赋予他生命的人那温馨和爱意中。克里姆特[1]秉承其一贯的画法，将最具梦幻色彩的装饰元素融入高度现实主义的细节中。请看孩子用力张开的小拇指，仿佛是为了更多地获取母亲温煦皮肤的甘甜。再看他那一头乱糟糟的蓬发，被睡梦中的汗水粘黏。他将头缩进了肩膀，为的是与母亲合成一体。仔细观察孩子是怎样从母亲身上吸取养分，而母亲又是怎样呵护着孩子：母亲头的摆放姿势无疑并不舒服，但如此方可庇护孩子。她用优美纤细的手臂紧抱着孩子。心贴着心，用爱滋养着他，头靠着头，她还在向他传递着更多的东西：孩子是她的过去和未来。

这幅画展示了幸福诞生的伟大奥秘，引起我们对传递和准备未来幸福的思索：画面表现的正是幸福的传承与许诺……

---

1 Gustav Klimt（1862—1918），奥地利画家，“维也纳分离派”（一个反对学院派的画家集团）的奠基人。

《女人的三个年龄段》

克里姆特的教诲：热爱幸福时光

寻找幸福，可能只是一个重新找回幸福的问题。“幸福”这一复杂且转瞬即逝的感受，到底产生于哪些遥远的记忆之中？

现在我们懂得，爱的滋养对于人类不可或缺。得不到爱的孩子在肉体上或精神上备受折磨。缺乏抚爱的孩子心灵受到创伤，待成年后也难以找到幸福。换言之，感到幸福其实是找回、唤醒对过去幸福的回忆，更确切地说，是找回最初的幸福：那些早期被爱并受到保护的幸福印记。

心理学关于烙印的理论揭示，生命中的有些阶段有利于某些技能的掌握。比如语言：如果我们早期经常听到它，以后对它的掌握会更容易。同样，幸福的语言如果曾经抚慰过我们的幼年，如果我们在牙牙学语时已经学会了它，这样幸福的语言对我们就更易于理解。这第一阶段的学习使后面的变得更容易：通晓多种语言的人是因为从小就学过几种语言。幸福是否也是如此？童年的幸福是否使人更易于通达成年人幸福的所有形式？实际上，就是这些在心中最初、难以名状的印记，孕育着未来获得幸福的能力，感受幸福的便利条件。

倘若我们很早就获得此幸福的印记，这是第一件走运的事。由此也就有了第一个义务：切莫将它错过，因为还需下功夫。但如若不走运，就只得加倍努力了。

总是有可能学会如何去获得幸福的，哪怕它不曾是我们的母语。

是什么使一个孩子到成年时能够感到幸福呢？或许是他对幸福的回忆，这些如团团星云状的幸福回忆和时刻，有的模糊，有的惊人地确切。这种记忆出现的频率越高、次数越多，我们就越能够感受到幸福，知道在幸福的餐桌上有我们的一席之地……

然而，构筑幸福的能力不仅建立在记忆的库存基础上，还需要一种意愿。正如普鲁斯特[1]在《追忆似水年华》中讲的：（主人公）在威尼斯的一条街上被两个不同高度的路面绊了脚之后，忽然心中深深地被触动："那令人目眩的依稀可见的幻象又一次与我擦肩而过，它好像曾对我这样讲：如果你有力量，在我经过时抓住我，并努力去解读我所提出的幸福之谜。"普鲁斯特在更著名的"马德莱娜"一节中向我们表明，如果没有重新点燃幸福感受的意愿，模糊的记忆毫无用处。

除去最初的印记，获得幸福的能力还取决于对幸福的追求和想要幸福的愿望，以及为此作出的努力。

我们从哪里得来幸福这一概念？
如果它存在我们的记忆中，
那就是因为我们曾经有过幸福。

—— 圣·奥古斯汀[2]

1 Marcel Proust（1871—1922），法国著名作家。
2 Saint Augustin（354—430），非洲主教。

为什么人们几近本能地相信世间存在幸福，因此追求幸福既不疯狂也不徒劳？为什么大部分人对这一追求锲而不舍，有时甚至方式笨拙？为什么人类不满足于一种可以接受的基本物质生活：吃饱、穿暖、享乐……为什么人们在寻求并有时在找到幸福的感觉时，还会有一种超群和圆满的需求？答案也就在克里姆特的这幅画作里。如若将视野扩大，人们会发现母亲和孩子周围的世界令人担忧：大片均匀的黑色，长长的半阴影，一位老妇人干瘪的身躯……

人类的生活是艰难的，有时带悲剧色彩，逝去的时光总要在肌肤上留下伤痕。倘若没有幸福，缺少与周围黑暗的吞噬力量抗争的能力，又如何能抵御郁闷和绝望的侵袭？

> 生活幸福并非一种奢望，而是一种必需。幸福是我们的精神支柱。我们活在世上并非为了追求幸福，而是因为我们可以活得幸福。正如保罗·克洛代尔[1]所言：“幸福并不是生活的目的，而是手段。”

> 你问我世上最崇高的幸福是什么？
> 那就是倾听一个向你问过路的小女孩
> 逐渐远去的歌声。

1 Paul Claudel（1868—1955），法国诗人、剧作家，1946年当选法兰西学院院士。

《艺术家在韦特伊的花园》，1881 年（画上注明 1880 年）
克罗德·莫奈（1840—1926）
油画，150 厘米 ×120 厘米，华盛顿国家艺术画廊

离开韦特伊家之前，莫奈[1]画了多幅这里的风景画。在此居住的三年间，画家经历过大悲大喜，如夫人卡米耶的逝世；特别是邂逅了他后来的伴侣阿丽丝·贺谢德，在本画的台阶高处可以看到她的身影。她曾是莫奈的资助者欧内斯特·贺谢德的妻子。止步在花园前的小男孩是画家的儿子米歇尔·莫奈。另一个小男孩可能是让－皮埃尔·贺谢德，他和米歇尔只相差几个月，两个孩子形影不离。莫奈将他的船兼画室停泊在塞纳河上，就在画中央的大道下边。这样一来，他可以从一座花园去到另一座：先是阿尔让特伊，然后是韦特伊[2]，最后抵达纪维尼，画家在那里终其余生。

---

1 Claude Monet（1840—1926），印象主义绘画运动的发起人和领导人。
2 Vétheuil，法国塞纳河边的一个市镇。

童年的幸福 >>>

犹如一桩幸福的回忆:一座大花园，飘着云朵的蓝天，孩子们玩耍、奔跑、嬉闹的喊叫声，盛开的鲜花，一位母亲在远处守护着……光线、声音、气味、细节。一个小男孩正面对着这个向他敞开的驯服的大自然。在他身后，是向纵深延伸的房屋和两个熟悉的身影：阿丽丝·贺谢德及她的儿子。他周围满是笔挺盛开的向日葵，如热带丛林一般美好。面前伸展的道路深深地吸引着他，然而，在冲上去之前，他却迟疑了片刻。

这迟疑是出于惧怕，还是某种更为微妙的情感？是一种本能的聪慧，抑或是一种直觉的明智？或许，他仅仅是在品味这一瞬间的完美平衡：已知与未知，静止与运动，现在与未来？任凭我们想象……

男孩完全沉浸在幸福之中，对他而言，时间已然停滞。他意识到自己前程无量，预感到自己会永远拥有无穷无尽的幸福……

> 孩童既没有过去也没有未来，他们充分享受眼下的时光，这样的事不常在我们身上发生。
>
> ——拉·布鲁耶尔[1]

1 La Bruyère（1645—1696），法国伦理学家。

《艺术家在韦特伊的花园》

莫奈的教诲：孩子是我们的老师

孩子们生活在当下：天生就会避讳那些耗尽我们成年人心智的预测和反思。他们那些表面上看来最不起眼的生活经历，不知不觉中汇总为一座未来的幸福水库，一个珍宝箱，日后可以从中汲取力量，应对考验和痛苦。童年也是学习掌握未来幸福的年龄。因为幸福像所有的本领一样，是可以习得的，它从模仿典范开始：父母给我展示了哪些生活之美？面对逆境应采取何种态度？

但要防止将童年的幸福理想化。它们再也不可能像原先那般自发地再来一遍。想不惜一切代价找回最初的美好状况，认为幸福只能自然产生，只需等待其光临，无疑都是错误的。好像经过努力获取的幸福实质上略低一筹，而且强度减弱。当我们这样推理时，是何等幼稚可笑！或者说是何等怠惰……

另一种错误带来的痛苦，是只在模糊的追忆中重见童年的幸福，仿佛已被过去的幸福所抛弃。

情愿为过去的一切感到欣慰，也不要为它哭泣：就幸福而言，进行这一练习是艰难的……但这并不是放弃这种努力的理由。

我们与幸福的关系，和莫奈在这幅画中所描绘的颇为相似：它取决于扎根与腾飞之间的微妙平衡。这个男童踏入花园之前表现出的迟疑，有点像我们面对生存的状态。

唯有向广阔的世界敞开心扉，才能孕育幸福。在自我封闭、狭隘局限的状态中，幸福不可能持久。狭小的空间从来不是一种好的选择：它一般由恐惧、痛苦或生活的轨迹强加于我们。与之截然相反，童年的本能是面向广义的幸福。

然而，只有具备可以回归的根基，腾飞才成为可能：心理学家称之为“眷恋之情的安全依附”。一名儿童——以及他将步入的成年——会因为他拥有可靠的后方基地，而更加愉快自如地探索世界和生活。倘若在他从冒险的经历，尤其是可能发生的不幸遭遇中返回时，对母亲和家宅的迎接没有把握，小男孩是绝不会贸然踏入这个壮观的花园之中的。

幸福并不意味着关起门来，紧紧地抱着自己的根基不放。即使去了远方，仍可以找回幸福的根基，因为知道根基所在。它本该存在。

世事难料，不确定性是无限的，因此哪怕是有限的可靠性也十分可贵。根基牢固才能高飞：这就是我们获得幸福的条件。

幸福在已知与未知之间的自由运转中生成。两者都是必需的，就像孩子与猫一样，我们常常认为他们很幸福（可能我们是对的），因为他们仿佛表现了居有定所与不受拘束两种生活方式之间的和谐关系。保持这种平衡是成年人幸福的重大事由。两者之中，一方面反映了渴求平静和安全的愿望——伴以烦闷无聊和衰退萎缩的危险，另一方面则是对新奇的疯狂追逐和随之可能出现的肤浅及空虚。

我们的心灵向往幸福。为此必须找到一种平衡，这种平衡寓于扩展与重启的幸福之间，以及行动与思考的幸福之间。

瞧，这名身在花园中的男童：他已经走出困境，不再踌躇，迈开步子，满怀信心地投入到幸福的怀抱中。

清爽的春风吹拂着我，
密布全身的毛孔舒展开来。
我超越时空，不论身在何处都感到心满意足……
把自己看作上帝且无始无终，
我昨日、今日和明日都感到幸福。

——保罗·福尔[1]

1 Paul Fort（1872—1960），法国诗人和文学试验的革新者，与象征主义运动有联系。

《蒂沃利的小瀑布群》，约1760年

让·奥诺雷·弗拉戈纳尔（1732—1806）

油画，72厘米×60厘米，巴黎卢浮宫博物馆

据他的同代人见证，弗拉戈纳尔在幸福方面颇有天赋。他的嫂嫂谈到他时这样说："如果我想描绘一个孩子的快乐、欢愉和任性，以及爱抚、幸福，我会以他为模特。如果我想描述友谊的特点，甜蜜、好意、呵护、柔情，我还是会以他为榜样。"

弗拉戈纳尔一家和他们六岁的独生子，离开普罗旺斯到巴黎定居。"可爱的小弗拉戈"先后在夏尔丹[1]和布歇[2]的画室学过画。从未奢望过成为职业画家的弗拉戈纳尔，只满足于画一些轻巧而精致的作品，以及在富有的买主那里获得的成功。他属于仍把自己看作是普通工匠的那一代画家。他的率真使他的才华显得更为自然，因而更加动人。弗拉戈纳尔晚年贫困鲜为人知。这难道是不幸吗？不见得……

---

1 Chardin（1699—1779），法国画家，擅长画静物，1728年成为法兰西学院院士（参见本书161页）。

2 Boucher（1703—1770），法国画家、版画家和设计师，游乐画及洛可可风格绘画大师。

日常生活的幸福 >>>

女人们在忙碌地洗涤、晾晒。微风中，一些衬衣已然干爽。天气晴朗，远处可见小小的瀑布群。正是这片离罗马不远的瀑布流水成为本画的命题，并且造就了这个名叫蒂沃利[1]的景点的名声。

这就是弗拉戈纳尔[2]为我们描绘的日常生活场景：这些女人在劳作，她们不是公主，而是洗衣妇、仆人或者仅仅是家庭主妇。她们住的并非宫殿，而是墙面灰泥剥落的旧宅老房。

这张湮没在卢浮宫名画中的小幅画作的可贵之处，恰恰在于它所表现的平常性：这里的幸福没有矫饰，就像一个女人忘了照镜子，没有梳妆打扮。一些平凡的人，一件日常的活动，这就是简单时刻的简单的幸福。司空见惯，唾手可得。

除了活着并快活着，我没有别的追求。

—— 米歇尔·德·蒙田[3]

1 Tivoli，位于意大利罗马东部。

2 Jean Honoré Fragonard（1732—1806），法国画家。

3 Michel de Montaigne（1533—1592），法国作家、思想家、怀疑论研究者。

《蒂沃利的小瀑布群》
弗拉戈纳尔的教诲：享受平凡的幸福

如果幸福不存在于日常生活中，那还有什么意义？如果幸福只有在特殊条件下才能突然降临，或者只为杰出人士现身，那又有什么用？幸福不能凌驾于日常生活之上，或置于日常生活之外。幸福必须寓于生活之中。长久以来，人类只是期待和想象在冥间天堂的幸福。直至18世纪，多亏伏尔泰[1]及众多其他的人，才有了民主运动对幸福所作的天才而慷慨的诠释："天堂，即我所在之处。"至此，来自日常生活的幸福才拥有了它至尊的含义。

> 幸福生活通常由一连串小的幸福时刻组成，而不仅是几个不寻常的大的欢乐时光：倘若幸福像金子，我们更常看到的，是闪光的金片，而不是天然金块……

诗人和作家曾强调这些幸福片段的重要性，这也正是我们该抓住和品味的那许多机遇。它们积累起来便可构成幸福生活的主线，就像我们过好每一天所需的那些妙用无穷的一枚枚小硬币。

这些幸福时刻虽短暂却不等于无足轻重。首先，因为它们会不断地重复，它们频频出现把我们一点点地带向一种持久的幸福感。其次，因为它们让我们对日常生活有更深层的理解，如若我们只是一掠而过

---

1 Voltaire（1694—1778），法国最伟大的作家之一，18世纪启蒙思想家。

并不停留，如若我们只是行动而不去体验，我们就无法达到这种深度。对幸福的感受还使我们更易于接纳惊喜，容忍无序，它们会打破常规并向我们揭示，一切都比我们想象中的更美好。因为在任何一种生活中，都有匆忙的视线感受不到的深度。弗拉戈纳尔的画作不动声色地向我们展示了这一点：请看画中那许多不同层次构成的近景和远景（天空、云彩、瀑布、绿墙、人物），还有在人物下方的深渊，先是近景中身着红色服装的小男孩探身俯视深渊，继而是平台上的一位妇女伸出胳臂在指点着什么：幸福不停地将我们引向深处，并不时地让我们突然有所发现。

你不喜欢“惊逢幸事”的说法吗？可事实上，与幸福不期而遇并非易事。为此必须孜孜不倦地学会磨锐自己的目光。弗拉戈纳尔洞察了这一奥秘。

让我们仔细地观察日常生活中的美好事物。充分享受生活的乐趣，就是现在，就在这里。这就是我们最初和最常见的幸福。

你只管去欢欢喜喜吃你的饭，
心中快乐喝你的酒，
因为神已经悦纳你的作为。

——《圣经·旧约·传道书》9:7

有的人说幸福不会持久，也可能，但不管怎么样，人们有可能遇上它……如同邂逅爱情一般，幸福属于那种奇特和微妙的状态，倘若人们等待并对它过于期待，则可能变得无法触及。不过也需要为此付出一定的努力：没有幽禁在家中的爱情，也不存在关闭在自我中的幸福。那么如何从日常生活中汲取幸福呢？生活是幸福的源泉，如若我们全身心地投入生活，幸福便会降临：参加各种活动，建立社会联系，与大自然和生活环境的和谐一致。如何才能永不忘却幸福而又不必时时将其惦念？

不要让幸福成为一种挥之不去的顽念：投入生活，它便会降临。但为此让我们学会拭目细察，发现那些常被忽略的幸福。

在有关幸福的调查和研究中，大多数被调查者都会不假思索地回答“就算幸福吧”。是幻想？是自我暗示？抑或只是明智？可能在被提问的那一刻，他们并不完全幸福，但他们直觉地感到，日常生活中常有这种幸福的前期状态，此时突然会有幸福降临。幸福的生活并不意味着人们总是感到高兴，而是一种人们感到有可能获得幸福的生活状况，一种多彩的人生，其间幸福会多次出其不意地降临……

不要等待幸福，不要总惦记它，但要为它的来临，为它出现的可能做好准备。

正午：圆满的幸福

《蒙特戈伊大街，1878年6月30日的节日》，1878年

克罗德·莫奈（1840—1926）

油画，81厘米×50厘米，巴黎奥赛博物馆

像印象派那一代所有画家一样，莫奈擅长描绘大众的娱乐活动和欢快的节日。艺术随着他占领街巷，征服生活：塞纳河畔带舞池的咖啡馆、乡间小旅馆的露天茶座、阳光下的野餐、充满活力的快乐舞会，一切都可以成为分享欢乐的载体。这幅画里表现的是五彩缤纷的火一样的彩旗所张扬的共和国的欢乐。莫奈这样讲述："我喜爱旗帜。6月30日是第一个国庆日，我带着画具漫步在蒙特戈伊大街上；那里彩旗飘扬，人声鼎沸；我发现一个适于作画的阳台，走了上去，请求让我作画，获得应允。画完后不声不响地离开了。"如今的7月14日，是全民狂欢的日子。总而言之，就是过节……

像一种前进的力量 >>>

这是6月里一个美丽、晴好的日子。在巴黎蒙特戈伊大街的两侧，高楼各层阳台和窗子上挂满了彩旗，它们迎风招展，骄傲地在风中噼啪作响。大街上人头攒动。在夏日阳光的照耀下，到处洋溢着节日的欢乐气氛，人们心花怒放，情绪高涨。

莫奈的画作焕发出一种非凡的能量和生命力。画面上，被赋予了生命的旗帜，呈斜线占据了画面的主要空间，由于人群的涌入而形成有如游行的场面。这幅画强有力地表现了时值正午的幸福。

将表现力量的字眼与幸福相联系似乎不大适宜。然而，幸福确实是一种力量，一种可以改变世界的力量……

第一条：建立社会的目的是为了共同幸福……

——1793年6月24日，

法国“山岳派”[1]国民公会颁布的《人与公民权利宣言》

---

1 法国大革命时期国民公会的激进派议员，因开会时坐在议会中较高的长凳上而得此绰号。

《蒙特戈伊大街》
莫奈的教诲：幸福可以改变世界

“人人生来平等。造物主赋予他们若干不可剥夺的权利。其中包括生命权、自由权以及追求幸福的权利。”与在大革命中诞生的法兰西完全一样，新生的美国特别关注的不是幸福的权利，而是追求幸福的权利，这一点甚至被写入了美国的《独立宣言》中。充满智慧的18世纪关注幸福的民主化绝非偶然。当时的政治家们已经意识到，他们的作用不在于成就民众的幸福，而是设法使他们能够自己去追求幸福。遗憾的是，20世纪的极权主义者们将这一教诲抛诸脑后…… 幸福是个人的感受，但它与忧伤或痛苦相反，并非是自私的。事实上，幸福不可能通过颁布法令取得，只能仰仗于个人做出的努力。任何人不可能在无所作为及自我封闭的状态下获得幸福。

实际上，获取幸福的愿望是行动的强大动力。

活着就是幸福。活着怎样？

活着就行。

——于连·格林[1]

幸福会使人变得迟钝，终日饱食，无所用心，这种奇怪的偏见从何而来？另一种观点则认为，焦虑更有助于推动人们去思考和创造……尽管有一千个明显的例证予以反驳，但它却广为流传，获得普遍认同，以至于人们不假思索地加以接受。诚然，焦虑可以成为一种警示，但是没有任何一种动力能像幸福那样，或者能像实现幸福的愿望那样，起到持久、良好的作用。所有心理实验和研究都证实了这一点。

如同所有形式的“主体福祉”一样，幸福是一种取之不尽、用之不竭的力量源泉，它促使人们去行动、奉献、创造，以开放的心态和好奇心探索世界……

还有一种观点也很荒谬：即幸福会使人变得怠惰与平庸，进而导致呆滞、冷漠。这种看法可能混淆了从容和消极这样两个概念，其实二者相距甚远……有些人所以赞同和宣扬这种信念，是否因为他们只有在消极情绪的推动下才能采取行动？

1 Julien Green（1900—1998），美裔法国作家，1972年成为法兰西学院院士。

愤怒和怨恨确实会激起我们反抗、抵制、战斗，并摧毁非正义及无法接受的生存状况。但唯有对幸福的渴望和追求，包括自己的和别人的，才能帮助我们重建美好的世界。

幸福是一种革命性的动力……莫奈笔下的欢快人群，宛若一条充满力量和善意的河流，正安详地开辟着通向未来的道路。那起伏的波涛，让人联想起伟大的革命所唤醒的幸福梦想：人类的绝大部分历史表明，正是对幸福的憧憬引发变革并赋予它活力。

但这些梦想随后被一小撮狂热分子据为己有，他们向来如出一辙：总是受挫，时运不济，由于不懂得享受生活而热衷于权势；尽管有些学识，但对幸福始终不甚了了。在这些人的掌控下，革命突然转变为恐怖。然而，渐渐地幸福的花朵不可遏制地悄然绽放。于是日常生活中又重新充满了小小的欢乐。

在人类心灵的最深处，对幸福的向往毋庸置疑地占据主导地位。让我们学会维护它，保卫它，与那些企图掌控或窒息它的人做不懈的斗争。

让我们避免重蹈仇恨和血腥之覆辙：仇恨和血腥是徒劳的。因为最后总是幸福获胜……

自己幸福也是对他人的责任，

这一点人们强调得远远不够。

—— 阿兰

M. Chagall 1925

《乡村生活》，1925年
马克·夏加尔（1887—1985）
油画，100厘米×81厘米
巴法罗（美国）奥尔布赖特-克诺克斯艺术馆

“没有任何一种权势能把我吓倒，以至于让我对人性丧失信念。因为我对整个大自然的伟大充满信心。我知道，人类的意志和行为常常是宇宙力量的体现，而宇宙的力量，则由这同一个大自然所启动，受历史的进步和命运的步伐支配。”夏加尔一生都关注他那个时代的政治事件：无论是革命理想还是排犹主义。他也同样关心人类的心理需求，即对幸福的梦想和追求。

若问家中是否有幸福……唉呀，小可怜，
这屋子里装满了幸福，多得能把门窗都挤爆了。

——莫里斯·迈克德林耐克[1]

1 Maurice Macterlineck（1949— ），比利时作家。

幸福需要什么 >>>

幸福很少凭空而降。这就是夏加尔[1]在这幅歌颂乡村生活的油画作品中给我们揭示的道理。画面展示了一个俄罗斯农民的日常生活环境，尽管牙齿已经掉得所剩无几，但他的脸上仍泛着幸福的笑容。他正在喂马。快乐的元素呈螺旋形分布在他周围日常生活的场景中：透过一幢红色的俄罗斯农民的枞木屋，可见里面的人在灯下热烈地讨论；花园中有一棵树，一辆乡村小马车在颠簸着前行，一对夫妇快乐地跳着舞。在我们所熟悉的夏加尔的色彩的洪流中，呈现在人们面前的是所有最简单的日常的幸福：他常常笑言自己只是个玩弄色彩的人。

夏加尔在意自己的幸福，就像重视自己的独立性一样，或许在此画中他给出了自己对幸福这个基本问题的答案：我们需要拥有什么才会感到幸福？世间不存在虚无的幸福。像所有鲜活的东西一样——幸福也有生命——它需要得到滋养。精神上的幸福需要有物质的支持，才会降临并存在。

---

1 Marc Chagall（1887—1985），生于俄国的犹太画家，后移居法国，被誉为超现实主义绘画的先驱。

《乡村生活》

夏加尔的教诲：赞美平凡的幸福

幸福的原料是什么？对幸福应采取何种态度？与世俗的成见相反，伊壁鸠鲁的享乐主义哲学[1]之信奉者们，为了达至幸福的境界，并不主张放纵自己的一切欲望，也不追求所有欲望的满足。诚然，这是一种享乐主义（如果我们活着，就是为了寻找快乐），然而，这也是一种形式的禁欲主义，因为它提倡放弃那些没有意义的和永远得不到满足的欢愉。

相反，我们必须保持清醒的头脑，只认同伊壁鸠鲁称之为“自然和必需”的快乐的源泉，如食物、居所、衣服，还有自由、朋友和讨论，思考（我不敢写“哲学”，但其实这是伊壁鸠鲁所主张的）。其余的一切——权势、金钱、荣誉——对我们都不是不可或缺的。

> 重要的不在于尽量远离那些多余的幸福物品，而是不要受其愚弄或成为它们的附属品。

> 你看，想过一种幸福而虔诚的生活
> 并不需要掌握很多准则。
> 如若你遵循这些准则，

1 公元前3世纪的古希腊哲学家伊壁鸠鲁所创的伦理哲学。

上帝不会再对你有任何更多的要求。

—— 马可·奥勒留[1]

脱离所在的时代，任何一种对幸福的寻觅都不会被理解。当幸福主义哲学的历史学家们，关注日后20世纪和21世纪时，他们会惊异地发现，幸福是怎样成为商品社会垂涎的目标，并被用来兜售无用之物。

商品社会的贪婪误导了我们之中的意志薄弱者——事实上每个人都不同程度地存在弱点——把我们对幸福真谛的思考，转向追逐那些无用的幸福物品。而我们的社会却如此迟钝，过了这么久才教给我们以及我们的孩子们，如何抵御和防范这些陷阱。但这是另一回事了……

进行识别能力的训练，就是要自问：为了活得幸福，我真正需要什么？而人们意欲让我相信我需要的又是什么？

1 Marc Aurèle（121—180），罗马皇帝（161—180年在位）、哲学家，著有《沉思录》。

通过对他心目中乡村生活的描绘，夏加尔告诉我们，幸福可以简约为一种简单的思维状态，一个简单的决定。最低限度的人际关系和物质环境是必需的。孤独和衣食无着的人只能为生存担忧：饥寒交迫，孤苦伶仃，朝不保夕，又怎能奢望幸福？此时人们所能期盼的美好前景，不过是在不幸和苦难中有片刻喘息：而这只是松一口气，并非幸福。因此，对地球上的大多数人而言，幸福首先是有饭吃，有栖身之地；是生存，自由地思考和言语。正因为我们这些生活在民主制度下的大部分西方人，已经获得了以上基本需求的保障，才有可能考虑如何使自己更幸福。

尽管这些幸福的基本需求是初步和简单的，但绝非可有可无。让我们为每日得到这样的保障而欢欣鼓舞吧。

子曰：饭疏食，饮水，曲肱而枕之，乐亦在其中矣。不义而富且贵，于我如浮云。

——《论语·述而》

《蓝色背景中的人物》，1959 年

加斯东·谢萨克（1910—1964）

法国南特美术博物馆

加斯东·谢萨克出身贫寒，不久被父亲遗弃。在巴黎他与当警察队长的长兄同住。当过厨房的小学徒，后来做修鞋匠。邻居的一对艺术家夫妇鼓励他从事绘画。他的才能得到同时代艺术界，尤其是迪比费[1]的赏识。搬到旺德后，谢萨克靠当小学教师的妻子维持生计，在艰难的物质条件下继续创作。从他的书信中看出他活得并不轻松。然而，贯穿于他的画作中的那些灿烂的笑容，又是从怎样的热情和希望中迸发出来的呢？

---

1 Dubuffet（1901—1985），法国画家、雕刻家和版画家。

幸福的智慧 >>>

幸福是一种精神状态、一种心理活动、一个决定、一番努力、一种意志还是一种内在的修养？一旦具备所必需的最低限度的物质条件，通常幸福就是这一切的总和。这一方面意味着幸福依靠我们自己去获取。但也说明我们自己得对幸福负责。这就要求我们付出劳动和努力。画中人物外形怪异，身体线条简略，无手无腿，面目可憎却喜气洋洋，像是画家加斯东·谢萨克[1]自身恶作剧的写照。这个多愁善感、身体虚弱的大个子在提醒我们，幸福从来不是——或很少是——白来的。但对人类巨大的智慧而言，幸福又总是唾手可得。画中人那充满力量及踌躇满志的开怀笑容，讥讽、专注、惊叹的目光，尤其是朝着世界圆睁的双眼，让我想起我的朋友亚历山大·若利安[2]，这位身残志坚的哲学家，为清醒和幸福的生活而“欢乐地战斗”，他强调的是：幸福的智慧确实存在；在某些人身上它可能表现为一种才能，而在别的一些人身上却意味着战斗；幸福的智慧是可以获得的……

---

1 Gaston Chaissac（1910—1964），法国画家。

2 Alexandre Jollien（1975— ），瑞士作家和哲学家。

《蓝色背景中的人物》
谢萨克的教诲：为自己的幸福下功夫

幸福只应自发产生，追求幸福的努力徒劳无益，甚至适得其反——这种奇特的想法从何而来？为什么对寻求幸福有如此多的非议？事实上这种偏见——不管是自以为是的假清醒，还是真诚的信念——都起源于《圣经》：在犯下原罪之前，亚当和夏娃在伊甸园里过着自然的幸福生活。然而，这种自然状态却因触犯了神怒而被剥夺，无论人们如何努力也无济于事。除非得到上帝的宥恕，才能重获幸福。

这种陈词滥调还来源于童年纯真幸福造成的幻觉。既然童年获得幸福轻而易举，不需要特别的努力，甚至不需要对此有清醒的意识，因此我们相信无需下功夫就可以找回这种初始的状态。只需在我们的内心深刻地挖掘，或设法除去某些障碍：这就是在某些心理治疗中实施的所谓“必须追溯到源头”的方法。

这一切并不总是错的，但理由也不完全充分。上帝对亚当和夏娃的惩罚是：“你必汗流满面才得以糊口”，换言之：“你必以汗水赢得你的幸福。”这算是上帝的诅咒，却也是人类生存状况的现实……

幸福并非靠机遇，而是靠智慧。智慧可以习得并升华。

人们常说生活是一场争战，幸福也如是，尤其对那些在生命之初未得到命运之神眷顾的人，更是如此。有时我们受到的伤害显而易见，比如触及皮肉的那种，或从外表不易看出，像来自我们的过去，源自

焦虑、忧愁的那些伤痛，它们总能给出许多不幸福的理由。然而，一旦承认这永恒的事实——比我们更幸福的人有之，比我们更不幸的也有之——我们还有什么借口总在那里怨天尤人呢？这种沉湎于痛苦而不能自拔的危险在于，这种心态会把我们变成如贱民一般无人敢接近、指引或劝慰，从而加重我们的孤独和难处，最终反过来对自己不利。

唯有我们自己能够引导这场争战朝着光明前行，唯有我们自己可以优先选择幸福而非不幸。

人们可以做出选择幸福的决定，当然，并不保证能立竿见影……显然不能说："今天我会幸福"，而是"我要花更多的时间和精力去思考及行动，以增加机遇，让自己尽可能经常地感到幸福。然而不是现在或马上就感到幸福。召唤幸福并不像吹口哨，叫一条狗那样容易。但是，要为幸福做好准备，睁开双眼，开阔思路，就如同在林中散步时，与其沉浸在昨日和明天的烦恼中，不如把思想集中在眼前的散步上"。我们无法总是为这种努力和步骤做好准备，有时甚至不可能。在这些阴暗的日子里，我们难以忍受那些关于幸福的高谈阔论。然而，此时即便是以正当的忧伤为借口，也不能让自己过度沉沦，不能否定一切。

人不可能永远幸福，但可以尽可能经常想着为幸福的回归铺平畅达的道路。

去争战吧！
我应该充分享受生活，
找到快乐，否则我就完了。
但怎么才能获得幸福？
到底怎么办？

—— 亚历山大·若利安

《在帆船上》，1818—1820 年

卡斯巴尔 · 大卫 · 弗里德里希（1774—1840）

油画，71 厘米 ×56 厘米，圣彼得堡艾尔米塔什博物馆

1818 年 1 月 21 日卡斯巴尔 · 弗里德里希娶了加洛琳 · 波梅赫为妻。他携年轻的妻子到波罗的海吕根岛[1]度蜜月。回到德累斯顿后不久作成此画。在这幅明亮的画作里，画家避开那种千篇一律——且很有局限性的——拥抱和亲吻的场景，别具匠心地以背影的方式，描绘了自己在加洛琳身边感受到的那种美好而单纯的爱意。

1 Rugen，德国东北部最大的岛屿。

爱的气息 >>>

一对情侣手牵着手，倚坐船头，毫不在意人们注视的目光，他们在远眺即将靠近的海岸，岸上高楼耸立。对于他们，这是新的发现，抑或只是返程？这趟旅行是一次美好而短暂的漫游，还是一次长时间的艰难的越洋之旅？

我们对这些不得而知，只有遐想。像弗里德里希[1]作品的一贯作法那样，这幅画作只勾起观赏者的好奇心，拨动其心绪，去解读画中暗示的奥秘。画家邀我们思考的只是这对男女及爱情的本质。

画面的整个近景笼罩在阴影之中。船长恰好处于观者的位置，在画外掌舵。这对情侣的上空乌云密布，只有远处的城市沐浴在一片说不清是晨曦还是晚霞的雾霭之中。弗里德里希向我们展现的远不止这一对热恋中的情侣，而且以微妙的手法，通过环绕着他们的暗区和光区，表现了那些把这对情侣推向其命运的阴暗的力量，以及这一命运变化的奥秘所在。在这一切当中，最重要的便是这对情侣心心相连，以及赖以生存的爱情……

1 Caspar David Friedrich（1774—1840），德国浪漫主义绘画的先驱。

《在帆船上》

弗里德里希的教诲：情侣幸福的秘方

爱情，是幸福不可缺少的条件吗？或许是。但并不是为此不惜付出任何代价。爱情亦不是幸福的唯一条件。

古人不相信爱的激情：他们从中看到一种盲目和迷乱的危险状态。相反浪漫主义者把爱视为其世界观的基石。两情相悦时的初生爱恋，让人的身心得到完全的满足，此时，强烈的幸福感超越一切的世间琐事和物质需求。（不是说可以“靠爱情和清水生活”吗？）爱情令人感到飘飘然，心境美妙。爱情让我们觉得生活比实际的更美好。

这种状态之所以宝贵，是因为它让人觉得幸福触手可及，并且感到心满意足。当然，未来将会告诉我们，这不可能持久。但当时的我们对此深信不疑：我们不能想象，也不可能理解这一切将会终结。这种无比幸福的经历，无论在强度上或时间上都至关重要。然而，这只是一种注定要中断的欢乐状态。它是其他形式幸福的序幕。这如同醉酒时的兴奋使我们相信：如若我们心中有什么变化，世界也可以改变。只不过这里起化学反应的不是酒精，而是爱情。如触电般震撼，如洪水般迅猛。尽管除去一些狂热的笃信者以外，很少人会在他们的生命中有这样的经历。

> 爱的激情让我们经历一种完美的幸福，这种强烈的感受：妙不可言，无与伦比。

只有爱情是不够的。这一真相宣告了夫妻生活的第一个幻想的破灭。只有相爱不足以使共同生活变得幸福，也就是说，二人世界不一定能为个人的幸福增色。在幸福这个问题上，通常还需要其他条件，做出别的努力。可以把它们归纳为“自由、平等、博爱”，这个法兰西共和国社会的箴言，也适用于社会的基本构成——夫妻关系。

首先是自由：让对方有保留自己思想的自由（保守自己的秘密，不要对对方的一切，对他的现在和过去了解得一清二楚）；保留自己情感的自由（容许他对爱情存在一些疑虑）；保留行为的自由（距离和分别一样，可以滋养爱情，尤其要让对方有喘息的机会）。要做到这些不容易。其次是平等：关注任务和约束的平衡。从长远来看，细小的失衡会导致重大的挫败感，致使婚姻非但不能增加快乐，反而变成对幸福的桎梏。最后是博爱：以一种利他主义和真诚的态度呵护配偶的幸福，哪怕为此对自己眼下的幸福不得不有一点约束和限制。弗里德里希认为，共同行动是夫妻生活幸福的另一种源泉。也正是这种主张，使人们得以避免尼采[1]的预言成为现实：“爱情只不过是两人共度的一种可怜的安逸生活，一件旷日持久的蠢事……”

爱情并不完全是两个人的融合，还需要一起行动，共同经营，同舟共济……

1 Nietzsche（1844—1900），19世纪德国哲学家、最有影响的思想家，同时还是一位出类拔萃的散文作家，其诗作也颇有影响。

不利用对方的弱点来显示自己的力量，
那便是真正的爱。

——恺撒·帕韦泽[1]

哲学家告诫我们，爱情不能概括为爱的激情。实际上它有三种形态：情欲、情谊、博爱。

情欲是由欲望和渴求而产生的爱情，是为激情所驱使的、占有型的爱：它倾向于同其目标融为一体。倘若能够彼此分享，便可以成为造就伟大幸福的源泉，否则便是无边的苦难。所有初生的爱情都有情欲的一面。自生自灭是其天然的命运：无论是我们的身体或精神，都无法承受长年累月旷日持久的爱的激情。在最好的情况下，情欲会有规律地死灰复燃。如若是为了同一个人，对于夫妻而言是件好事；如若是为了其他人，则有麻烦。情欲会产生一种巨大而强烈的幸福感，理论家们宁愿称之为欢愉。

此外，还存在着其他形式的爱情。滋养它们的更多是精神，甚至是心灵，少些肉欲的成分。

情谊是一种接近友谊的爱，在夫妻之间，这不一定是亚恋爱状况，也不是一种疲惫和过时的感情。这是另一种情感。世上存在着包含爱意的友情，也有充满友情的爱情。它可以和激情之爱一样给予人同样多甚至更多的幸福，而且必定少带来一些不幸。情谊能够容忍其心仪

1 Cesare Pavese（1908—1950），意大利诗人、评论家、小说家、翻译家。

的对象远离自己，不会因思念他，或因他的远去而难过。这是想让对方得到幸福的爱，而不仅是为了自己的幸福而在乎对方的陪伴。这种情谊存在于相濡以沫的夫妻以及父母对子女的情感中。当然还有友谊，它建立在相互的爱慕、尊重和分享之上。

最后是博爱，这是最为利他主义的情感。它令我们可以爱那些和我们并不亲近、并不认识的人，比如热爱全人类。显然，博爱是三者中最难做到的，因为它离我们的习惯、本能反应和需要最远：我们通常更容易在彼此了解之后产生爱意，而现在要求我们能够为了爱而去了解。这其中包含对众生要慈悲为怀的宗教传统信念，更多的是一种哲理思辨的成果，而不是人的本能或心理禀赋。

如果像爱情一样，初生的幸福都包含着一些利己主义成分（关顾自己），哪怕是温和的那种，甚至建立在尊重他人的基础之上，我们还必须认识到：只有在我们与周围的联系日益紧密和深入时，这种幸福才可能实现，才能够持久并充分发展。

超越情欲，走向情谊，达至博爱，这便是有关爱情幸福的所有教诲：经由自我的圆心，逐步向外扩展，敞开胸怀，为的是给予。

爱是一种活跃、热烈且欢快的激动。

—— 米歇尔·德·蒙田

《伊塞波·德·蓬托和他的儿子阿德里安诺》

保罗·卡利雅里，绰号韦罗内塞（1528—1588）

佛罗伦萨比蒂宫

“韦罗内塞[1]是个朴实的人，他忠实履行自己的诺言，总是善于保持个人及其职业的尊严。他从来不像那个时代某些伟大的天才那样，由于狂暴的情欲，引起轰动一时的怨仇，或为维护自尊心而争吵，给自己的荣誉抹黑。他付出毕生的精力从事艺术创作，并极为细致地负起教育子女的责任。”这就是传记作者里多尔菲[2]给人们描绘的韦罗内塞的画像。画家的真名为保罗·卡利雅里，出生在意大利的维罗纳市，因而得了韦罗内塞的绰号（意为维罗纳人），他是打石匠的儿子，后来离开家乡前往威尼斯，这个曾拥有过去威尼斯共和国政府所在地总督府的奢华城市，很快就向他表示感激之情，并送去许多订单。他娶了心爱的女人，他的师父安东尼奥·巴蒂雷[3]的女儿。他有很多孩子，众多的朋友和完全的成功，是一个被公认为幸福的男人。他的绘画表现了他生活中的欢乐、自信和安详，他的风格则反映了文艺复兴时期威尼斯的富足与辉煌。这幅人像表现了韦罗内塞更内在和个人的一面：他将两个儿子，加布里埃勒和卡尔莱托，作为自己的主要合作者，在这幅表现父子亲情的画作中，画家可能倾注了自己的一部分情感。

1 Paolo Caliari dit Veronese（1528—1588），16世纪威尼斯画派的主要画家和著名的色彩大师。

2 Ridolfi（1594—1658），意大利艺术传记作家和画家。

3 Antonio Badile（1518—1560），意大利画家。

幸福寓于亲情之中 >>>

站在画家面前的是一位父亲和他年幼的儿子。父子二人的俊美面庞和男孩外衣上的白鼬皮毛边饰，在深色衣着的衬托下显得格外耀眼。表情坚毅而从容的父亲，面部线条舒展，他手握剑把，皮手套在暗处泛光。男孩的目光瞥向一旁，显得心不在焉，似乎是姿势摆得太久有些倦累，把玩起父亲搭在他肩上那透着爱意而权威的手。儿子的手挽着父亲的手，这就是本画的主题。依我看，此画可以归入表现骨肉亲情类主题最美的画作之列。画中融合的亲情、爱抚和嬉戏，表现的正是维系父与子乃至人类情感的全部力量与复杂性。父亲就在身边，他是领路人、楷模和保护者。儿子摆弄着父亲的手，将它搭放在自己肩上舒适的位置。他不用看就感觉到手的存在。有父亲在身旁并享受着父爱，他将会做好有一天面对世界的准备，并在这其中幸福地生活。

《伊塞波·德·蓬托和他的儿子阿德里安诺》韦罗内塞的教诲：关爱与感恩是幸福的营养

幸福在人群中传播。我们接纳它，传递它，幸福就在此过程中得以重生，或升华，或改变，从而获得了一种含义，有了一段故事。如同对生命一样，我们最终仅仅是幸福的接纳者和传播者……

关爱通常不寻求占有，而是接纳对方固有的样子，由衷地希望他的一切更加美好。这种爱显然对获得幸福十分有利，因为它给予的多，索取的少，放手而不是约束，并为对方的幸福感到快慰。确实，有些情感关系带有束缚的意味：爱情可以是占有并令人窒息的，有时友谊也是这样，因而有些人对所有形式的依恋都心存疑虑，因为这种情感可以并可能产生无尽的痛苦：怕被抛弃，担心所爱的人遭受苦难，唯恐付出的爱得不到相应的回报……

要摆脱对爱情的恐惧，以及因担心得不到足够的情感回报而产生的焦虑，唯一的办法就是给予，以利他之心去爱。就像韦罗内塞向我们展示的父爱，或友爱。

在幸福的机制中有一种良性循环，其中的一个环节就是感恩：感谢所有曾为我们提供了幸福的人。科学表明，感恩会增加我们的幸福感……因此心理治疗专家为他们的病人开出了“感恩练习”的奇特方子。医生也认为感恩对健康有益：这样的情怀会使心脏跳动舒缓、平稳，脉搏减速。若干有关神经图像的研究显示，大脑似乎也从感恩中获益。

心理学研究还表明，由他人赠予的东西一般比我们自己拥有的更让人感到幸福。

所幸感恩的机遇比比皆是。如同幸福一样，感恩只需要一点努力，敞开心扉，多一些关注和思索。比如感激所有曾帮助我们成长的人：父母、祖父母、亲近的人、朋友、老师；所有那些关爱过我们，并曾给予我们幸福或教会我们接近幸福的人。还应该感激那些对我们表示过友善、敬意的陌生人，哪怕仅仅是一个微笑或一个礼貌的举动。我们必须意识到自己的幸福有赖于他人，并因这一领悟和回忆而深感幸福。

> 对他人的恩惠怀有负债感，永远不会有损于幸福：倘若不认可和不承担这一债务，反而会使幸福受损。当幸福由感恩之情滋养时，它会日益成长，正如哲学家弗拉基米尔·让克雷维茨[1]所说："这种无尽的债务给予人们的是无穷的幸福感。"

在我们之间存在着一种比爱情更美好的东西：一种默契。

—— 玛格丽特·尤尔申纳尔[2]

巴赫[3]的音乐在哲学家西月朗的心中唤起了痛苦：原因是太动人，太完美，太神圣。南希·休斯敦[4]在她的那篇题为《传授绝望的教师》

1 Vladimir Jankelevitch（1903—1985），法国哲学家。

2 Marguerite Yourcenar（1903—1987），法国小说家和评论家，1980 年当选法兰西学院首位女院士。

3 Johann Sebastian Bach（1685—1750），德国作曲家，西方古典音乐之父。

4 Nancy Huston（1953— ），加拿大裔法语小说家和评论家。

的精彩评论中，对此惊讶不已：这是对生存多么奇特的看法……如若巴赫的音乐让人流泪，那也是喜极而泣，由于快乐，出于感恩。因为从中我们感受到了人类那令人难以置信的环环相扣的协作关系：巴赫、弦乐器制造者、演奏人员、发明唱片和音响器材的技师以及许多其他的人，正是他们令我们在远离音乐家的地方，仍能听到优美动听的旋律。

> 只有具备最起码的谦逊态度，才可能产生普遍的感恩之情：我们应该承认所有人在我们得到的幸福上的付出。这种谦卑的态度给我们打开了无限宽广的通向幸福之路：感到自己传承了人类的全部智慧和前人的利他主义精神，这些无私的前辈曾为我们的福祉进行思索，采取行动并有所建树。

当我们发现，对不相识的人不仅在理智上而且在情感上也可以怀有感恩之情时，自是惊诧不已……感恩之情在全人类的普及，更令人狂喜……这正是韦罗内塞这幅作品在我们心中必然引起的波澜和思考。关于这一点，狄奥菲勒·戈蒂埃[1]写道："从来没有一位画家拥有如此伟大、如此崇高的理想。韦罗内塞的画作表现的永恒欢乐具有更深刻的含义：他时刻呈现在人类眼前的是真正的目标，值得信赖的理想——幸福，即使某些愚蠢的伦理学家试图将它打入阴曹地府。[……] 所以光荣属于韦罗内塞，是他让天赐的幸福元素在我们眼前闪耀光芒！"

---

1 Theophile Gautier（1811—1872），法国诗人、小说家、评论家。

《馈赠大氅》，1297—1299 年

乔托·迪·波多尼（1266—1337）

壁画，270 厘米 ×225 厘米，阿西西大教堂在阿西西的圣方济各的墓上人们修建了一座教堂，它成为中世纪基督教第四个朝觐中心，居耶路撒冷、罗马和孔波斯泰尔[1]之后。在1297—1299年间完成的由28幅作品组成的系列壁画里，乔托和他的学生们表现了圣方济各生活的主要片段，以及他死后完成的圣迹，使这里成为全欧洲装潢最为精美的教堂。《馈赠大氅》是这一系列壁画中最美的画作之一，可能它就是第一幅，根据专家们推断，这幅作品大部分出自乔托之手。

乔托在家乡佛罗伦萨被视为真正的民族英雄，与但丁[2]齐名——他们可能曾是朋友。乔托热衷于功名利禄，看来与圣方济各所主张的甘于贫穷，以及他创建的方济各会的理想，相距甚远。然而，尽管乔托不是穷人的画家，但他和圣方济各的世界观有近似之处，那就是，凡夫俗子也可以获得过去只有圣人才能拥有的尊严和威望。

---

1 Compostelle，西班牙西北部的一个城市名，全名为圣地亚哥-德孔波斯特拉。
2 Dante（1265—1321），意大利诗人，文艺复兴运动的先驱人物。

超越自我的幸福 >>>

“真福者方济各[1]遇见一破落贵族，见其衣衫褴褛，顿生怜悯，遂解衣赠之。”此乃选自沃拉吉纳的雅各[2]撰写的《圣徒传》[3]。

在这幅宏大的壁画中，乔托[4]表现的是（意大利）阿西西[5]的圣方济各的年轻时代。在这次赠送大氅的插曲发生之后不久，这位阿西西城富商的儿子便将其一切财产，包括他个人的衣服，全部捐献给了穷人。人们给他起了一个“小穷人”的绰号。方济各深知自己的幸福所在，为了让自己的幸福广大无垠，他做的第一件事，便是立下了苦修的誓愿，通过馈赠一件大氅，献上一个微笑，树立一个与人们分享幸福的榜样。

幸福只有在与人分享和传递中才能生存、呼吸、成长。就像有一天一位智者所说的：“你给予即获得；保留则失去……”

---

1 Francois（1181/1182—1226），称圣方济各，天主教方济各会和方济各女修会的创始人，意大利主保圣人。

2 Jacques de Voragine（1228/1230—1298），热那亚（意大利）基督教大主教、史学家、著作家。

3 又名《金传》，按教会历逐日编排供每日阅读用，内容有圣徒生平、基督和圣母在世事迹以及有关圣日和节期资料等。

4 Giotto（1266—1337），14世纪意大利画家，被尊崇为意大利第一位艺术大师。

5 Assise，意大利城镇，以圣方济各的诞生地而闻名。

生活的目标是得到幸福。

达到目标的过程总是缓慢的，需要每日下功夫。

得到幸福时，仍有许多事情要做：

比如去安慰他人。

—— 儒勒 · 勒纳尔[1]

1 Jules Renard（1864—1910），法国作家。

《馈赠大鳌》

乔托的教诲：分享与馈赠是幸福者的责任

菲利普·德莱尔姆[1]写道:“幸福是一种过错。你幸福,你就有错。”幸福是否会给世界带来不幸？伤害世上那些不幸福的、不再幸福的或无法获得幸福的人？为什么存在这种偏见？可能因为幸福是一种财富——无疑是一切财富中最巨大、最重要的，它囊括了其他的一切，取而代之，并令其他财富变得无足轻重。或许因为任何一种财富都会对穷人造成伤害，但生活中存在幸福的穷人。为什么会认为一些人的幸福会影响甚至剥夺别人的幸福？这种奇特、谬误的信念从何而来？或许这是混淆了幸福和持福而骄这样两个不同的概念。还有，“自私的幸福”从何而来？这种陈词滥调已经千百次为科学研究所否定。众所周知，幸福非但不会激发自恋情结，反而会促进利他行为。总之，这一切是否缘自那些难以感到幸福的人对幸福的一种变态反应？

幸福是财富，而不是罪过，不应遭到非议和惩罚，但它也要求幸福者必须具备谦逊和慷慨的责任，这很正常。

幸福很重要；为什么要加以拒绝？接纳幸福不会
加重别人的不幸；相反，还可以帮助他人摆脱不幸。

1 Philippe Delerm（1950— ），法国当代著名作家。

我为那些羞于承认自己幸福的人感到遗憾。

——阿尔贝特·加缪[1]

幸福扩大着自我的边界，从而自然地加强我们与同胞之间的友爱之情，这样的双轨运作，既增加了我们之间的情感同化，又使我们意识到生命的脆弱。因此，幸福初期的个人觉醒（“我的幸福靠我和我的奋斗获得”）会演变为政治觉悟的行为（“其他人的幸福也靠我，靠我的奋斗获得”）。继马可·奥勒留之后，马丁·路德·金[2]提醒道：人类遭受暴力不仅是坏人的恶意行径，也反映了好人无作为的事实……

幸福是改变世界的动力，不是有关幸福的高谈阔论，而是它促使人们采取的利他主义行动。

公众的幸福由每个人的幸福构成。

——鲍里斯·维安[3]

如若幸福只在自我的领地生长，它会慢慢窒息、褪色、枯萎。幸福需要交流和传递。其实幸福比人们所想象的更具感染力。我们都喜欢与幸福的人为伴，只要这些人对自己的幸福抱着平常心，不炫耀也

---

1 Albert Camus（1913—1960），法国小说家、剧作家、伦理家和政治理论家，1957年获诺贝尔文学奖。

2 Martin Luther King（1929—1968），美国浸礼会黑人牧师，民权运动领袖，1964年获诺贝尔和平奖，1968年被暗杀。

3 Boris Vian（1920—1959），法国作家。

不陶醉其中。有时幸福的传递进程缓慢或被阻断，原因是有太多的忧虑、恐惧和漠然的时刻，以及暂时的私心杂念……此时就必须重新启动，将幸福从麻木的状态中唤醒：哪怕是一些细微的行动——礼物、微笑、体贴的言行——都可以成为善举，这也是我们作为公民，对待自己的人类兄弟应有的关爱。这一将安乐转化为幸福的觉悟，为幸福增添了政治和生态学的意义。

确实存在一种幸福的生态学——保持一个让幸福成长的环境——这也是一种政治行动。纪德说过："不要接受任何以伤害大多数人为代价而获取的幸福。"这种对他人的关切，是否会使我们的福利和舒适变得脆弱和复杂？这很可能。但它将不断扩大并增强我们的幸福。

> 在幸福中要摒弃卑劣的行径，不要退缩。只需扩大我们的良知，更加充满人性……

> 如今我的生命、安全、自由、幸福都
> 依仗同胞们的协作。很显然，
> 我不应再把自己视为一个孤立的个人，
> 而是全体大众的一分子。
>
> —— 让-雅克·卢梭[1]

1 Jean-Jacques Rousseau（1712—1778），出生于日内瓦。法国作家和哲学家，18 世纪欧洲最伟大的思想家之一。

黄昏：幸福的衰落

幸福行将结束时的惆怅

《西苔岛朝觐》

华托的教诲：珍惜行将结束的幸福

没有完美的幸福

《韦尔特海梅尔家的艾娜和贝蒂》

萨金特的教诲：理解幸福逝去的痛苦

悲伤的诱惑

《法阿图如玛》

高更的教诲：抵御悲伤的召唤

幸福进入冬季

《牧归》

勃鲁盖尔的教诲：为幸福的离去做准备

《西苔岛朝觐》，1717 年

安托万 · 华托（1684—1721）

油画，128 厘米 ×193 厘米，巴黎卢浮宫博物馆

华托[1]死于肺病，此画作于他短暂人生的后期。他居无定所，既没有家庭又没有财产，然而直至生命的最后时刻，都不乏簇拥在身边照顾他的众多朋友。他尽管获得一小圈崇拜者的赏识，但从未被认为是一位宫廷画师。他擅长于画“游乐图”，在人们的想象中，他喜欢社交，追求享乐。其实他的一生并不像他画作的主题那样。华托生性腼腆，脾气暴躁，对幸福总持有一种痛苦的目光：似乎能够预见到，每一个时刻自身都包含其终结的征兆。大概由于这个缘故，哪怕表现的是欢乐的聚会或幸福的时光，他的画作总是笼罩着一种难以名状的忧伤气氛。人们说他是擅长描绘连当事人自己都未必觉察到的微妙情感的画家。在这幅《西苔岛朝觐》中，华托描述了人们在幸福行将结束时的感受，以及与之相伴的淡淡哀愁。西苔岛是希腊神话中，诞生于波涛的爱神阿芙罗狄蒂，被风神轻轻放置的那片神秘土地。

当幸福的呼唤变得过于沉重，
悲哀从人的内心油然升起。

—— 阿尔贝特·加缪

1 Antoine Watteau（1684—1721），法国画家，以“游乐画”著称。《西苔岛朝觐》为他的代表作。

幸福行将结束时的惆怅 >>>

唉，该走了。愉快的郊游进入尾声。欢乐的人群已踏上归途，缓缓地走下山坡。林荫深处的维纳斯半身像即将重回往日的孤独。悬于其基座上的玫瑰花环，将成为这些幸福时刻的记忆。天空渐渐被云层覆盖，白日将尽。

画面右侧的三对伴侣特别引人注意。他们是如何对行将结束的幸福所带来的痛楚做出微妙的、各自不同的反应，右边的男士不理会回归的时辰已到，设法抓紧这最后的时刻向女伴献殷勤，可笑而又感人地拒绝面对现实。中间的一对伴侣表现平静，看不出情绪波动：男士安详地扶起女友，两人似乎都接受这样一个明确无误的事实：一切都已结束了，该回去了。再看最后一对，只见背影的男士早已心不在焉，此时女士带着忧郁的微笑最后一次回眸张望，似乎仍在留恋刚刚度过的那些时刻，不知道能否再次拥有这样的美好时光。当幸福行将逝去时该如何应对？是狂热地紧抓不放？还是事先为它忧伤？泰然接受这一结局，难道不是更好吗？

《西苔岛朝觐》

华托的教诲：珍惜行将结束的幸福

我们曾经深爱过的事物行将消逝时，总有一种意想不到的美与优雅。我们投去的最后目光更赋予它奇特的魅力，仿佛我们预感到行将成为永诀的一个再见，尽管给我们带来稍纵即逝的痛苦，仍不失为幸福的一刻。

华托似乎在对我们说——谁要是没有经历过这种心灵的创伤，谁就对幸福一无所知。他向我们暗示，幸福的真谛可能完全包含在这些时刻之中。浮云蔽日，逐渐变得冗长乏味的谈话，目光中流露出一丝淡淡的忧伤：所有这些皆显示节日般的欢乐正骤然急转直下，此时任何一个细枝末节都能让我们感到魔力已然破灭，眼下发生的一切，不过是幸福长长的缓刑期注定要消亡的。如同华托在画作中描绘的，在这些微妙的时刻里夹杂着欢愉（曾经是如此的快乐……）、惆怅（离别多么让人难过……）和担忧。（现在该怎么办？）

幸福衰微时，所有人都会敏感地觉得痛苦。其实用不着与之抗争，也不必强颜欢笑，佯装若无其事。不如一笑置之：幸福尽管每况愈下，依然是幸福。

当你感到过于沉重的心无缘无故地狂跳时，
要对事物的美妙多加小心……

——让-保罗·图莱[1]

幸福的解体不可捉摸，不近情理，这就是它的奥秘。记得小时候读过一篇关于列奥纳多·达·芬奇[2]的报道，说这位才华与粗心同样著

1 Jean-Paul Toulet（1867—1920），法国作家。
2 Leonardo da Vinci（1452—1519），意大利文艺复兴时期著名的画家、雕刻家、建筑家和工程师。

名的创新者，有一天想在他的壁画上试验一种自己发明的固色剂。天啊，这种固色剂旋即被证实含有强烈的腐蚀性，画家眼看着他那幅精心创作的作品，行将被自己的发明毁掉……记得我曾揣摩他当时的反应：在知道自己的画作已无法挽救的那一刹那，他是勃然大怒还是坠入绝望的深渊？而今我想象他先是叹气，然后微笑，坐下来聚精会神地观赏他的壁画行将永远消失时那唯一的、转瞬即逝的壮观场面。可悲、最后的幸福也比徒劳无益的狂怒强…… 所有的幸福都注定要消失，这无疑令人痛苦。但倒计时业已开始，有什么办法？

唯一的办法就是学会欣赏和喜爱这行将结束的幸福。懂得它们的出现和消失，就如同我们生命中无休止的呼吸一般。

我知道，我永远不会比现在更幸福。
我说出我的幸福的名字；它突然让我感到恐惧，
并使我不寒而栗。

—— 菲利普·德莱尔姆

《韦尔特海梅尔家的艾娜和贝蒂》，1901 年

约翰·萨金特（1856—1925）

油画，185 厘米 ×130 厘米，伦敦泰特美术馆

美国人约翰·萨金特四海为家，他出生在佛罗伦萨，事业成就于欧洲，卒于伦敦。被公认为他那个时代上流社会最出色的肖像画家之一。他与韦尔特海梅尔家族关系十分密切，曾为该家族每个成员画过像。临终前的萨金特目睹了在第一次世界大战暴行中“美好时期”的崩溃，见证了那个无忧无虑的幸福社会的破灭和沉沦，并在许多作品中对此加以描绘。

没有完美的幸福 >>>

伦敦泰特美术馆[1]展出的一幅萨金特[2]画作，立即以其可观的尺寸引人注目。参观者赞叹的目光首先投向姐妹俩中妹妹贝蒂的娇美面容：她身着典雅的红丝绒连衣裙。继而人们被画家偏爱的姐姐艾娜那光彩照人的活力所吸引：只见她那一袭洁白的缎子长袍衬着红润的肤色，傲然扬起的脸略带笑意，手势中夹杂着不耐烦，浑身上下洋溢着生活的幸福感。她的左手漫不经心地搭在一个奢华精致的中国瓷罐上——那是她的父亲，一位经营艺术品富商的财产——而她的右臂挽着妹妹，似乎想把她带往别处。

然而，一种隐约的伤感渐渐地向观众袭来。这种不安是源自背景的阴暗，抑或是维多利亚式室内装潢的呆板氛围？还是一种由浪漫情怀引起的哀伤：联想到这些充满生机的年轻女子如今已成灰烬，连同她们一起消失的还有她们所代表的那个"美好时期"[3]——身在这个即将消逝的世界中的人们，却不知晓灾难的临近……

也或许只是这样一个简单的理由：仔细观察所有的幸福，最后都会令人产生这样的困惑。保罗·华列里说过："美，就是那令人绝望的东西。"幸福也如是吗？

---

1 Tate Gallery，伦敦泰特美术馆，以收藏 17 世纪到现在的英国绘画为主，还收藏许多雕刻品。

2 John Sargent（1856—1925），美国画家。

3 指 20 世纪最初数年（第一次世界大战前）。

《韦尔特海梅尔家的艾娜和贝蒂》
萨金特的教诲：理解幸福逝去的痛苦

夏天刚开始，白昼已然变短……所有幸福的高峰时刻都可以给我们带来忧愁。我们有时难以接受这样一个明显的事实：幸福可以使人不幸。我们十分平静、泰然、满足。表面上，生活如同海风乍起之前的水面那么平和，晴空万里。然而，似乎有一种潜在的、无法解释的忧郁向我们袭来：莫非幸福达至一定强度便会自行消解不成？对幸福的清醒认识本身，就包含感知其行将结束的苗头。不应有自虐狂，好像人们不该让日子过得太好；也不应有一种低级的负罪感，似乎幸福触犯了他人——亲人或陌生人的痛苦，是对他们的背叛。其实，在这内心对话中起作用的是意识。

> 意识对幸福至关重要。正是它将人类身上的动物性惬意，转化为幸福这样一种充满人性的情感。意识一旦启动，就会擦亮我们的眼睛，让我们认识到一切幸福的过渡性及短暂易逝的特质。

> 谈论幸福的人往往眼神忧郁。
>
> ——路易·阿拉贡[1]

1 Louis Aragon（1897—1982），法国诗人、小说家、政治活动家。

我们就这样成为幸福的临时签约者，注定只能生活在它如潮起潮落般出现和消失的交替之中。在这种情况下，只有刚诞生的幸福才显得没有尽头：当我们开始感到幸福时，不会想到它将终结。在我们的生命中，所有新生事物都显得没有止境，而这种无限使我们感到轻松，并且使幸福来得容易。相反，一切行将结束的事物对我们都是一种遏制，一种伤害让我们感到悲哀，有时超越理性，不可预见…… 每次对逝去的幸福时光的小小哀悼，就好像是我们自己末日来临前的一次彩排。这样一来，让我们能够完全从情感上体验幸福的意识，很快就转而承载忧伤：它向我们揭示，欢乐和一切事物一样，行将消亡。

没有意识就不可能感受幸福。意识帮助我们增加幸福感，但同时也使我们明了其转瞬即逝的特质。

在经历了完美幸福之后想到好景不再，我们难免会悲伤。为了不让心灵受到煎熬，有些人避免坠入幸福。仿佛向幸福的诱惑让步是一种罪过，是危险的懦弱。幸福的幻想一旦破灭，将会遭受更大苦难的惩罚。

这种态度往往源自一种脆弱性：有些人由于不能承受被幸福抛弃的痛苦，便以放弃幸福来自卫。但是这样的自我保护，会令我们的脆弱蜕变成冷酷，甚至导致多疑、悲观、玩世不恭或对他人冷嘲热讽，认为梦想得到幸福的人，都是些头脑简单、轻信人言、没有判断力的傻瓜……

与之相反，有些同样脆弱但胆子更大的人，则持提前逃逸的态度，

以狂热的心态追逐幸福，及时行乐，不停地以一种新的快感取代旧的，特别是在两段幸福体验之间不留空隙！数量也能顶上质量……大家所熟知的奥斯卡·王尔德[1]曾说过："世上唯一值得追求的是欢愉。没有任何事物像幸福那样快速地老去。"这句话反过来讲或许更恰当。可是同性恋的王尔德恰恰生活在维多利亚那个对同性恋最不宽容的时代

1 Oscar Wilde（1854—1900），爱尔兰作家、诗人、戏剧家，19 世纪末英国唯美主义运动的主要代表，倡导"为艺术而艺术"。

（他为此[1]被判入狱），他无法在光天化日之下得到幸福：为了自我安慰，他只能在暗地里得到一些秘密的欢愉。

面对幸福的短暂与无常，人们常感到厌恶却又无法摆脱，这表明我们难于接受情感生活的不稳定，以及无法按自己的意志将其规范的事实。在促使幸福降临或接纳幸福的努力面前，有些人愁眉不展，长久地保持缄默，任由自己萎靡不振。而另一些人则像输液一般，通过不间断地寻欢作乐，保持情绪高昂。这两种情况都不过是逃避现实，耗费精力！是极大的浪费！其实有好多更富有成果的争战需要我们去进行！

接纳幸福，就意味着学会接受幸福消失时带来的痛苦。

幸福与幸福消失带来的悲伤紧密相连，有两个很好的理由让我们接受这一事实。其一是生物学的明显例证：幸福建立在感情的基础上，而感情的本性就是趋向消亡。太阳落山，人们入睡，幸福熄灭……另一个理由是，经由哀伤这一转折或许并非无益。蒙起双眼无视现实，是不可能获得幸福的。幸福的阴影正是它扎在我们生活中的根，人生由于逃脱不了各种不同类别及规模的结局，诸如死亡、消逝、再见和永别，而常常处于悲伤之中。幸福扮演的角色并非向我们掩饰这些事实，而是赋予我们面对它们的力量。同时赋予我们的生活以意义和轻松之感。直觉告诉我们：幸福的每一次消失，对于我们活着的人，代

1 指同性恋。

表着在自己的消逝之前的一次小小的排练。

没有对死亡的思考，就不可能有持久的幸福。幸福是一种微妙的情感。它自身带有对我们讲述生命与死亡的阴影。让我们接纳这一切：这袭阴影使幸福的光明面更值得珍惜。

我的心，
你为何跳得如此忧郁和警觉？
我在观察黑夜和死亡。

——纪尧姆·阿波里耐[1]

1 Guillaume Apollinaire（1880—1918），法国现代主义诗人，主张革新诗歌，曾参与20世纪初法国先锋派文艺运动。

《法阿图如玛》(《着红衣裙的女子》或《赌气的女人》)，1891 年

保罗·高更(1848—1903)

油画，94 厘米 ×68 厘米，美国堪萨斯城纳尔逊 - 阿特金斯艺术博物馆

这是高更在塔希提岛初期的作品。他到太平洋岛屿寻找原始的天堂，而且竭力说服自己已经找到了。但如若看到这幅画，便知道并非如此简单——高更的此次旅行，正如他的一位传记作者所说，是“一次从现实中醒悟的经历”，画中年轻女子忧郁的神情，对此作了最好的诠释，她身上那件西式、不合乎当地习俗的衣裙，可能也是传教士们强加给她的。

悲伤的诱惑 >>>

年轻女子轻轻地摇晃着身躯……我们的目光首先被她那呈对角散开来的红艳艳的衣裙所吸引，继而是她那心不在焉的目光和悲伤的面部表情，接着是她左手漫不经心地捏着的那条白手绢，她曾哭泣过？最后发现那张摇椅，它让我们想起叔本华[1]，那位研究人生苦恼的哲学家的话："于是，生活像钟锤一样摆动起来，从左到右，从痛苦到无聊……"

这位深陷悲伤的女子，不正是初到塔希提岛[2]时沉沦于失望之中的高更[3]自己的写照吗？他原以为会找到一个原始的天堂，但只看到一个正在走向灭亡的世界，一种正在消失而诱人的生活艺术的残存。这位名叫法阿图如玛的赌气的美丽女人（本画作的另一个名称）正被痛苦吞噬，她好像游离于世界之外。当悲伤盘踞心灵，我们就是这副模样：我们完全沉浸在内心的痛苦里，甚至以为痛苦就是整个世界……

悲伤，就是沉浸在哀伤中的幸福……

—— 维克多·雨果[4]

---

1 Schopenhauer（1788—1860），德国哲学家，唯意志论的创始人。

2 Tahiti，南太平洋法属波利尼西亚的经济活动中心。

3 Paul Gauguin（1848—1903），法国后期印象派著名画家。

4 Victor Hugo（1802—1885），法国著名作家、浪漫主义文学运动领袖，1841年当选法国科学院院士。

《法阿图如玛》

高更的教诲：抵御悲伤的召唤

我们有时会悲伤。悲伤对某些人像是一种感召，一种呼唤，极易陷入其中。的确，生活有时是如此艰辛，没有双倍的乐观和毅力，又怎能不感到悲伤？许多人相信，甚至有些人宣称：幸福是一种幻想，人生的真谛存在于悲伤之中，只有忧患才赋予我们清醒的头脑。诚然，幸福不能“自然”获得，至少自打我们告别童年之时起，情况已然如此。那时获取幸福部分地成了一场战斗，或用不着太夸张——成了一件日常的劳作。但不能因为幸福并非自然产生或不易获得，就可以放弃或把它视作谎言或幻想。

进化使人类很快适应了生存以及愤怒、恐惧或痛苦……但是进化却极少关注人类的生活质量，因此，各种精神障碍使我们远离幸福。难道我们就该因此拒绝幸福吗？其实悲伤的诱惑来自三种严重的幻觉。

首先是认知自我的幻想。我们容易有一种错觉，似乎只有精神痛苦时才能找到自我，发现自我。一些青少年由此产生了对悲伤和阴暗心理的过分偏爱：事实上，我们应当好好地形塑自我，设法使之适应天地万物。青春期过后，沉湎于悲伤就只落得个孤芳自赏和渺小的自我：因为在悲伤中人们只关注自己。这种认为自己与众不同，执意要找到“自我感觉”的幻想，使我们与现实生活越离越远。幸福给我们打开世界的大门，悲伤却让我们与世隔绝。为什么我们会认为这样更可取呢？

其次是自主的幻觉。当悲伤持续发展，当它不再只是对外部事件的反应而是发自内心，它会使我们生活在一种自足的心理状态中。与常理相悖的是，我们对自寻烦恼心安理得，而对幸福——它让我们与生活的联系更加密切，却惴惴不安。

> 悲伤让我们看到了生活中的某些困难，仅此而已，别无他益。好好倾听内心的苦闷，但不要屈从它：并非悲伤时我们更像我们自己，或更接近任何真理……

沉溺于悲伤还源自另一个幻觉：自认为清醒。尽管这不完全错，但最为有害：我们知道意志消沉的人有时比不气馁者更清醒，他们忧郁的目光不会放过幸福者忽略的任何弱点和细节，但他们的看法也往往断章取义。《圣经·传道书》说："加增知识的，就加增悲伤。"许多科学研究证明，悲观主义者可能头脑更清醒，但也同时提醒我们，他们并不因此更能适应生活。由于一味沉沦于萎靡不振的观察，他们眼中的世界既无希望又无意义，拒绝为生存拼搏。

讲述自己的痛苦会对他人有所帮助。但是说到这种痛苦的伟大之处，把它当作普遍真理一般信奉，那就不敢苟同了。在现代文学中有大批宣扬灰心丧气观点的声名显赫的教授：贝克特[1]、西月朗、乔伊斯[2]、乌埃勒贝克[3]、昆德拉[4]、凯尔泰什[5]……他们认为生活和幸福空虚无

---

1 Beckett（1906—1989），爱尔兰戏剧家和小说家。

2 Joyce（1882—1941），爱尔兰小说家。

3 Houellebecq（1956— ），法国作家。

4 Kundera（1929— ），作家，原籍捷克，1975 年迁居法国，1981 年入法籍。

5 Imre Kertesz（1929— ），生于匈牙利布达佩斯一个犹太家庭，15 岁被关入奥斯维辛集中营，生还后为自由作家，从事小说、散文和戏剧写作，2002 年获诺贝尔文学奖。

用，并将之普遍化。为什么我们这个充实的时代如此迫不及待地奉其为至宝？难道这就是那过分偏爱逆境、藐视幸福的浪漫主义思潮留下的精神遗产？

表露痛苦并非不妥，问题在于由此产生的虚无主义和愤世嫉俗的思想。是否需要对这些传授绝望思潮的老师们重申本杰明·贡斯当[1]的这句名言："要了解人类，仅靠蔑视是不够的。"最后还要指出，逐步封闭自我，以及心灵完全枯竭会带来危险。这是罗曼·加里[2]的看法。他对绝望这种思潮也十分了解，之前他就明了，这只是一种精神崩溃和内心深处的灾难，而不是一种值得宣扬的真理："只有心不存在时，虚无才会植根于人的心中。"

当悲伤妄称为我们揭开世界的面纱时，却只让我们睁开一只眼睛，而把另一只闭上。悲伤并不是一种睿智……

悲伤是一种病，
只应该作为疾病来承受，
用不着如此多的推论和理由。

—— 阿兰

1 Benjamin Constant（1767—1830），法国小说家、政治家。
2 Romain Gary（1914—1980），法国（俄裔）小说家。

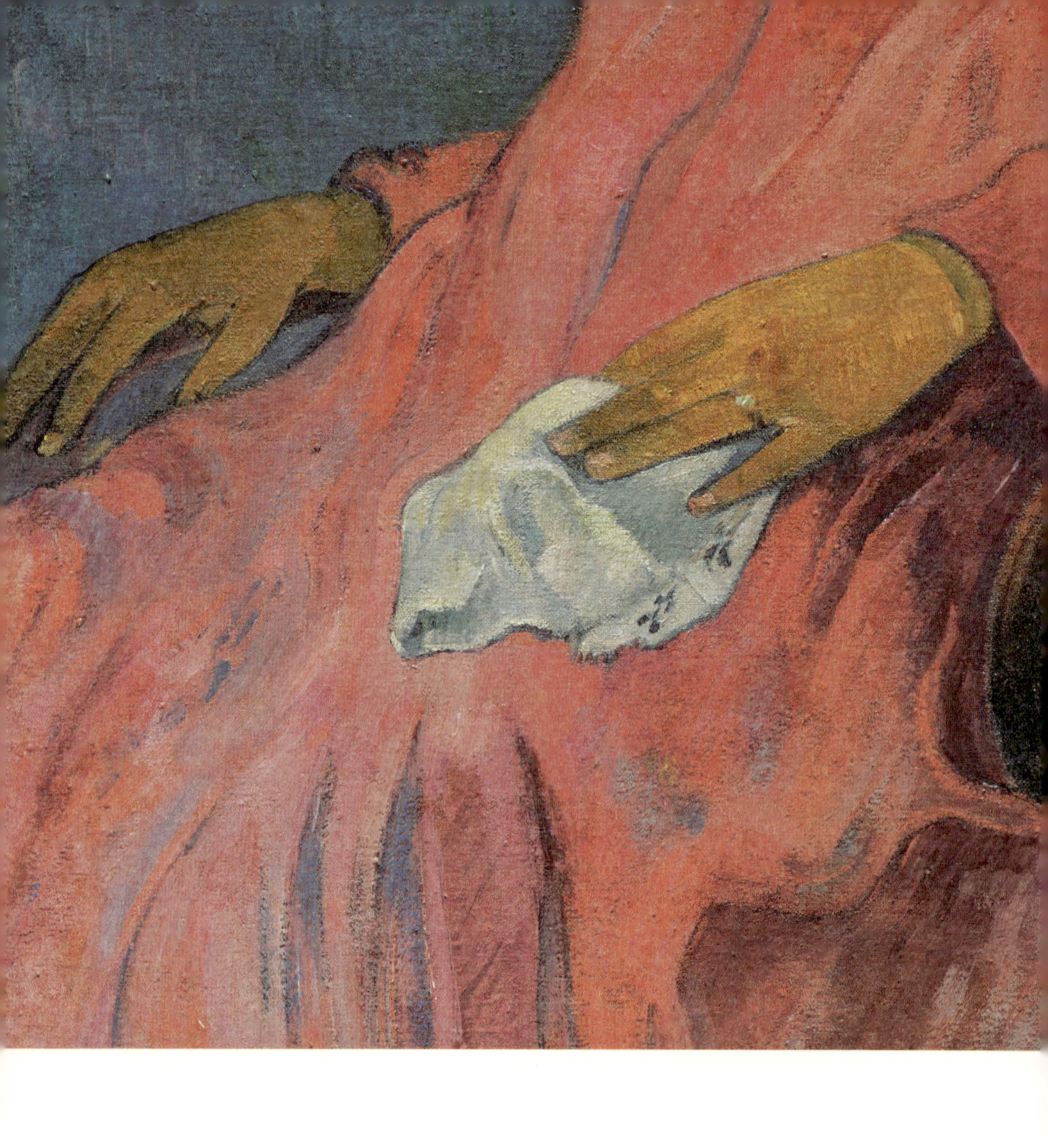

情愿要真实的悲伤也不要虚假的幸福？诚然，除却刚刚说过的一切，悲伤毕竟还包含着它自己那一份真实。真正的危险，在于以悲伤的心态去面对生活中的困难、痛苦、考验和逆境。这种危险还——尤其——存在于为悲伤困扰而不能自拔，存在于悲伤这一毒药缓慢作用下的自暴自弃。不过，阴郁的心境对我们也确实有真正的助益。

研究情感的理论家曾指出，在动物世界里，任何一种情感，起初对个体或整个物种都起着宝贵作用。就人类而言，悲伤能使人节约精力，自我修复。暂时性的自我封闭，有利于人思考悲伤的原因。悲伤像信号一样，是对我们生活中痛苦的根源发出的警告。倘若这一信号以及它迫使我们所作的思考，能引导我们对问题之所在，对造成我们痛苦的缘由采取行动，那么悲伤就完全发挥了它的作用。而我们也明智地履行了自己的责任：倾听自己的直觉。倾听它，但不一定遵从：悲伤是很好的侍者和很坏的主人。因为，对厄运的思考是有益的，而反复咀嚼世界的黑暗面，那就弊大于利了。悲伤只应该是一个过渡。悲伤会使我们清醒，如若把它提升为一种对生存唯一和长期的看法，就会让我们丧失领会生存之美的能力。

悲伤只是一种对世界质疑的工具。倾听它，然后把它打发走。对待悲伤，不要奉承，也不要赞美。否则，它就会迅速卷土重来。

《牧归》，1565 年

彼得·勃鲁盖尔，外号老勃鲁盖尔（约 1525—1569）

木板油画，117 厘米 ×159 厘米，维也纳艺术史博物馆

《牧归》是六幅系列作品中之一幅（总共只有五幅流传至今），根据中世纪流行的礼拜仪式书籍记载的传统，它们描绘一年中各个月份的循环往复。勃鲁盖尔在这里画的是10月至11月间的初寒时节。当时荷兰的政治和宗教局势高度紧张——从西班牙桎梏下求解放的战争即将打响，尽管天主教强权极力镇压，新教（耶稣派）依旧扎下了根。勃鲁盖尔作为新教成员反对腓力二世[1]的统治，他清醒地认识到自己的世界已经进入一个风暴般的混乱时代，进入思想上的严冬，在那里主宰一切的，将是宗教战争点燃的仇恨的暴力。

幸福，是人们在与强加给自己的命运进行抗争中获得的最伟大的战利品。

——阿尔贝特·加缪

1 Philippe Ⅱ（1527—1598），西班牙国王，1556—1598年在位。

幸福进入冬季 >>>

阴沉的冬日即将来临。男牧民驱赶着牛群回栏过冬。从高山牧场上下来的牲口眼看就要到家了：透过遭受寒风变得光秃秃的树木，隐约可见村口的房屋。尽管乡村还笼罩在秋日的暖色调中，然而朔风凌厉，大自然充满敌意，日渐黄昏。在最下端的山谷里，河岸边的一个小山坡上，立着几根绞架。在勃鲁盖尔[1]的那个时代，农村生活十分艰难……

画家的这幅作品描绘了普通人为生存奔波的艰辛及力量：瞧，归途中的牧民那结实的身影，骑马的那位或许是牛群的主人。为了抵御寒风，他将自己裹在一件厚厚的大衣里，头低垂在帽檐下。在河谷里，秋风还不像在我们身处的高地那样任意肆虐：仔细看看，可以发现那里的树上还有叶子……

然而，这只是暂时的现象：很快，严寒即将从这个小村庄径直地侵袭到冬季的前哨阵地，幸福将远离我们，然而生活还得继续。

---

1 Pieter Bruegel（约 1525—1569），16 世纪文艺复兴时期佛兰德斯最伟大的画家，善画农村景色，反映农民生活和社会风尚。

《牧归》

勃鲁盖尔的教诲：为幸福的离去做准备

幸福进入冬季……这不是——还不是——困境、苦难、灾祸，仅仅是一点儿刺骨的寒气，预示着隆冬将至……

冬季也并非地狱，但委实是冬天：气候寒冷，白日短暂。生活变得更加艰辛，日子不再轻松。在生命中我们也会突然遭遇心灵的冬季，这时幸福难以寻觅。像夏天那样丰富多彩的幸福不再唾手可得，我们只能满足于从周围的寒气中攫取零星的幸福。我们在生活中常常会遇到这种幸福每况愈下的时刻：出走、离别、流亡、一切的终结……而且有时它们的猝然发生并没有清晰的理由：我们继续在同一世界中前行，但幻想已经破灭。勃鲁盖尔的画如实地对我们讲述进入冬季的这些时刻，此时，我们必须存活下来，并勇敢地等待时光的流逝。此时的我们更接近动物性，本能地为自己、亲人，以及我们的社会的生存而奋斗。从蒙昧时代起，人类就明白幸福的路上布满了这种冬季。往往灾难占主导地位之时，便是幸福的冰川时代。这正是勃鲁盖尔所处年代的状况，他让我们看到当时的男人和妇女无比艰辛的生活模式。而这从来不是或极少是人们自己的选择。

然而，人们可以在没有幸福，至少是不易得到幸福，或幸福并不明显存在的情况下生活……

抱怨吗？勃鲁盖尔画中的人物似乎并未叫苦，也没有为此而感到悲伤，更不必在内心开辟第二战场，让自己蒙受双倍的痛苦，把自己看作不幸的人。然而，有些人总爱把烦恼转化成不幸，这样的诱惑的确很大。如何才能避免将合理、正常、暂时性的逆境与令人厌恶的、不正常的、永久性的灾难混为一谈？我们的反应常常促使我们犯这样的错误。可能有一种挥之不去、隐约的求生本能令我们夸大危险，以便能更好地面对……此时必须具备清醒的头脑和谦逊的态度，承认我们内心听到的是恐惧，而不是智慧的声音。

西月朗曾经就人类的烦恼做出过这样无情的点评："我们都是些滑稽剧演员，我们总能在困境中偷生。"面对逆境能保证有这样清晰的头脑需要下大功夫。对烦恼采取否认的态度（"这不成问题"）当然行不通，或效果很差。相反，保持清醒的头脑（"这不过是个麻烦"）是接受事实现状前做出的第一反应。不夸大事实，承认冬季已经来临。在一段时间里幸福将难以获得，甚至不可能。牢记幸福的缺失不等于不幸。接受这个事实：苦难有可能降临，甚至就在今冬。但要继续生活和等候，继续期待。超越因冬季日益临近所产生的隐约焦虑，摆脱夏季完结带来的悲伤。

> 哪怕幸福的缺失会使我们变得更加脆弱和不安，也切勿把我们的烦恼转化为苦难……

如何抵御生活强加给我们的厄运？怎样才能在已经逝去和将要来临的幸福之间，嵌入许多自己营造的幸福时刻？像画中的人物那样去

面对：行动起来去寻求归属。画家乔治·布拉克[1]写道："行动即是为获取希望而做出的一系列绝望的行为。"行动不仅改变世界，也改变我们自己。做操使我们在寒冷中暖和了身体，而行动让我们感到自己活着。

唯一值得拥有的是希望，它让我们保持积极的态度和清醒的头脑，而不是让我们消极等待。这种希望基于此信念：幸福仍于某处存在，一定会回到这里。它只是去了别处，所以有理由坚持守望。请看那位骑马的男士和头戴奇特钟形帽的男人，我们可以看见这两个人的轮廓。他们不是正在微笑吗？他们是否已想到今晚等待他们的熊熊燃烧的炉火、热乎乎的靓汤和通宵达旦的畅谈？

面对逆境他们做该做的事：行动，待在一起，并慢慢地品味剩余的点滴幸福。

我永恒的秋天，
哦，我心灵的季节，
大地上满是昔日情人们的纤纤玉手，
一位妻室伴随着我，
这是我命中注定的影子，
今晚，鸽群将最后一次展翅翱翔。

—— 纪尧姆·阿波里耐

---

1 Georges Braque（1882—1963），法国画家，与毕加索共同发起立体主义绘画运动。

夜晚：消逝的幸福

心灵的黑夜

《大雪覆盖下的科森林荫道》
蒙克的教诲：在严寒中继续前行

痛苦的煎熬与孤独

《红色人像》
马列维奇的教诲：在苦难面前挺立

夜幕星辰

《星夜》
梵·高的教诲：
幸福的光芒助人走出心灵的黑暗

摔跤的理由

《雅各与天使摔跤》
德拉克洛瓦的教诲：为幸福重生而争战

《大雪覆盖下的科森林荫道》，1906 年

爱德华 · 蒙克（1863—1944）

油画，80 厘米 ×100 厘米，奥斯陆市蒙克博物馆

蒙克说："疾病与癫狂曾是护卫襁褓中的我之两位黑色天使。"他刚五岁时，母亲因肺病去世，这给他年幼的心灵打上了深深的烙印。他的姐姐也死于同一种疾病。画中那两个走向深渊的女性身影，是否就是他失去的这两位亲人？从此，他的生活和作品深受痛苦、死亡和忧伤的影响，不幸接踵而至：焦虑、抑郁、酗酒、苦难……

心灵的黑夜 >>>

两个面部模糊的女人正在前行。她们周围的自然景色寒气逼人，令人不安：黝黑的树木、稀疏的雪花、冬日光线笼罩下暗淡的天空和大地，尤其是积雪的路面那泛着灰色的微光，呈现出一种不真实的白色。两个无名幽灵般的女人默默赶路，行将走出画面。

吸引我们目光的这条死气沉沉的路，夹在两行黑色树木中向远处伸展。它究竟通向何方？在它的尽头有什么？这两个女人要往何处去？正如蒙克[1]在他生命的这一阶段所完成的作品那样，数不清的疑问骤然涌现，来势汹汹，就像这幅画中弥漫着的那种令人惶悚的感觉。画家给我们描绘的是一场正在发生、令人揪心、活生生的灾难：树木在狂风中扭曲，飘零的雪花在冰冷的空中盘旋。这是痛苦及由此产生的所有不自信的抽搐、痉挛，是苦难在运动中前行。

人生悲凉时刻的一切，全都呈现在这一无言的场景中。此时，人们不知该如何处置自己的生命，一切可能的出路均被堵截。这正是斯科特·菲茨杰拉德[2]在逝世前四年撰写的新自传《裂痕》中说的“心

---

1 Edvard Munch（1863—1944），挪威著名油画家和版画家，20 世纪表现主义艺术的先驱。
2 Scott Fitzgerald（1896—1940），美国小说家，是 20 世纪 20 年代美国最有代表性的作家。

灵的漆黑之夜”。他在书中讲述了自己沉沦之前如何遭受抑郁症的袭击……在此心灵的冬季，任何幸福都不可想象。夜幕即将降临，两个女人也行将消失。很快，我们将独自走在路上。

> 你明白吗？
> 人生，就是纯粹的绝望，
> 它既清澈透明，又阴沉暗淡……
> 只有一条道可以穿越绝望的冰雪，
> 抵达生活的彼岸。
> 要踏上此道，
> 乃须超越与理性的苟同。
>
> —— 托马斯·伯恩哈德[1]

---

1 Thomas Bernhard（1931—1989），奥地利著名作家。

《大雪覆盖下的科森林荫道》
蒙克的教诲：在严寒中继续前行

当光明从我们的生活中熄灭……当我们面对的不再是逆境而是苦难……如何才能不后退、不麻木、不沮丧？如何与自暴自弃的诱惑抗争？

有两种苦难，两种痛苦：一种是可预感其终结的，似乎有药可治，于是人们等待并希望有解决的办法；另一种令人产生疑惑，痛苦是如此强烈，以至于使我们产生一种永恒的忧虑：倘若总是如此，那怎么办？

逆境可以有出路，它让人抱有希望，而苦难则不然。当任何幸福都不可能或不可想象时，无望的情感会突然产生。这不再是那种过渡，哪怕是糟糕的，而是一种看不到尽头的持续状态。

> 谁要是预感到苦难将持续，就会担忧它永无终结，于是感到绝望。无论目光落在何处都是一片漆黑，一片空虚或是恐惧，这样还可能与之抗争吗？

> 我身着邪恶的大红袍，头戴不祥的金色面纱，
> 我是这个世界的女皇。我是无望的苦难。
>
> —— 雅克·奥迪贝蒂[1]

1 Jacques Audiberti（1899—1965），法国诗人、小说家，尤以戏剧创作见称。

如同在地狱之门面前……人间的幸福感赋予人们存在天堂的信念。但是，当人们感到无力疏导痛苦，而苦难似乎在一步步逼近，并不断扩张其不可避免的影响力时，不幸同样令人对地狱的存在深信不疑……

> 苦难像吸血鬼一样，全靠我们的恐惧滋养，它饱尝我们的绝望。无法阻止它将我们碾碎，只能设法从死里逃生。

怎么办？抓住什么才可以不让绝望的寒潮侵袭我们的心灵，摧毁我们的求生欲望？……一如蒙克画中的两位女性，她们在如此苍白的光线下前行……无人知道她们要去哪里，或许她们正在原地打转，那又有什么关系？意欲在围困她们的可怕、致命的寒冷中求生，唯一的办法是行走。当苦难肆虐时，行动起来不是比坐以待毙更明智吗？

> 如同一个迷途于冰天雪地的旅行者，最要紧的是别停下脚步，在心灵的漆黑之夜继续前行……

> 我们意欲获得真知，而只在心中找到犹豫。
> 我们寻求幸福，却只找到苦难和死亡。
>
> ——帕斯卡[1]

---

1 Blaise Pascal（1623—1662），法国数学家、物理学家、笃信宗教的哲学家、散文大师、近代概率论的奠基者。

《红色人像》，1928—1932 年

卡兹米尔·马列维奇（1878—1935）

油画，30 厘米 ×23 厘米，圣彼得堡俄罗斯博物馆

马列维奇于暮年完成了这幅作品。那时的他已开始成为专制主义压制和迫害的目标：他从教书和所有官方支持的一切形式的岗位中被一点点地排挤出去，于 1930 年被捕，坐牢数周。这幅画是否就是这些不幸年代的见证？画中表现人性遭受蹂躏时世界末日的气氛：马列维奇最后的作品充满痛苦和绝望，但同时也表明了他在掠夺性的主流文化面前奋起抗争的决心。

正是午夜时分，
在比我强大的绝望面前我感到孤立无援。

—— 埃米尔·西月朗

痛苦的煎熬与孤独 >>>

一个刺眼的红色女人的身影飘忽在变形的景色之中。她像磁铁般吸引住我们全部的注意力，如同一种强烈的痛苦，让人无法解脱。原本可爱的景致——绿草如茵的田园、河流、丘陵、飘浮着云彩的天空——此时完全变了形：天上布满白色的条纹，粗黑的杠杠紧扼着草丛使其窒息，还堵截了河岸上方的山丘。痛苦是如此深重，以至于我们周围的世界仿佛完全变了模样：这不再是我们过去生活的那个环境，也不再是其他人，那些没有苦痛的人所感受到的景色。

马列维奇[1]描绘了一个冷冰冰、令人生畏的世界：那个痛苦占了上风的世界……作为痛苦的现实化身，那个红色剪影孑然一身：就像人们面对痛苦时那么孤独。在痛苦的作用下，我们永远深信自己是孤独的：因为谁又能代我们受苦呢？

> 有阳光就有阴影，因此不仅要赞美阳光，
> 还必须认识黑夜。
>
> —— 阿尔贝特·加缪

1 Kazimir Malevitch（1878—1935），俄罗斯－苏联画家，抽象派的至上画派创始人，领导过俄国立体派运动，是第一位用抽象几何图形构成画面的画家。

《红色人像》

马列维奇的教诲：在苦难面前挺立

苦难焚毁一切，令人窒息，夺去生命：苦难毁灭一切希望、一切信念、一切自信及一切信仰。倘若只是有眼前的痛苦也就罢了…… 唉，我在护理病人时常常看到：不幸的经历像是一种癌症：它不仅侵袭人的肌体，而且扭曲人的灵魂，摧毁理智，同时吞噬人们对幸福的美好记忆和希望，使整个生活完全陷入病态。

被不幸窒息之后，生活中的其他内容逐渐被挤掉，最终痛苦占据了整个心灵。苦难的日子不像快乐的时光稍纵即逝，而是没完没了的滞留，似乎永无休止。未来变得暗淡无光，毫无意义，充满了威胁和将要降临的苦难。精神科医生们都知道，应把抑郁症病患的绝望情绪，视为自杀风险的危险信号。

神啊，求你救我！

因为大水要淹没我。

我陷在深淤泥中，没有立脚之地。

我到了深水中。

大水漫过我身。

——《旧约·诗篇》69

但最糟糕的是，抑郁还可能波及过去：那些幸福的回忆和快乐的时光，最终不也都成了骗人的幻觉吗？它们是否只存在于我天真的想象中？于是，由于这一切，又增添了一份新的哀愁或苦涩……

所有这些不幸逐步蔓延，渐渐地令我们呼吸困难，直至无情地窒息。就像在梦中面对危险时，浑身瘫痪，动弹不得。然而，必须从这种麻木的状态中自拔，与之争战。

> 与不幸争战，就是要与那些否定往昔幸福的企图争战，与绝望的自负信念——永远不再有任何幸福的可能，一切都是假的，唯有眼下的痛苦才是真实的——争战。

在考验面前，威胁着我们的第二种失败是：从心底感到无望。正像斯科特·菲茨杰拉德在讲述他的抑郁症时说的："另一类打击来自内心深处……"如何在我们心中保留幸福回归的可能性，给"在深重苦难中燃起的生活激情"留一个机会，那就是要不顾一切地去抓住生活。那些经历过世上最恐怖的纳粹集中营的人们的证言，是人类生命的智慧达到极致的明证。在地狱里劫后余生的普里莫·莱维[1]说："我无法解释自己对人类未来的这种信念：在人间地狱里仍能对人类的未来充满信心，这或许并不合乎理性，但绝望肯定是没有理性的：它非但不解决任何问题，甚至制造出新的麻烦，而且其本质就是不幸。"

1 Primo Levi（1919—1987），意大利犹太裔作家，纳粹奥斯维辛集中营生还者。

而埃蒂·希勒申[1]尽管未能侥幸存活，但从这位姑娘留下的文字中可以看到，直至最后时日，她仍怀有惊人的信念："我的上帝，生活在这个时代，对我这样脆弱的人而言太艰难了。我知道，一个更为人道的时代将要来临。尽管我每天见证的事实是那么残酷，但我多么想活到那一天，好向这个新时代表达蕴藏在我心中对全人类的爱，这也是我们为新时代做准备的唯一途径：从现在起，我们就要在心中孕育这种爱。"

怎能如此傲慢，以至于不愿倾听这些出类拔萃的兄弟姐妹们在人性方面给我们传递的信息？哪里能找到无论如何也得继续生活下去的更充足的理由？

哦，我的心灵，
你为什么不停地呻吟？回答我，
今日压在你身上沉重的悲哀来自何方？

—— 阿尔方斯·德·拉马丁[2]

1 Etty Hillesum（1914—1943），荷兰犹太女子，与家人一起被关进纳粹集中营并遭杀害，所写《日记》于死后40年发表。

2 Alphonse de Lamartine（1790—1869），法国最早的浪漫主义诗人、作家、政治家，1829年成为法兰西学院院士。

《星夜》，1889 年

樊尚 · 梵 · 高（1853—1890）

油画，74 厘米 ×92 厘米，纽约现代艺术博物馆

1888年12月的一天夜里，一场激烈的争吵过后，梵·高威胁他的朋友高更。高更后来说梵·高手持一把刀。梵·高的弟弟德奥以“气氛极其紧张，一触即发”来形容这两位画家之间的关系。就在那个晚上，梵·高割下一只耳朵，随后将它送给了一名妓女。不久他自己请求进入位于圣-雷米-德-普罗旺斯的前身为修道院的一家精神病院。在那里他拼命创作，在他的病房和画室、公园和附近的乡间，完成了近一百五十幅画作。从心灵黑夜的最深处，他只看到普罗旺斯耀眼的光芒、阳光的泼洒和繁星的魔法。他给弟弟德奥的信中写道：“在画作中我想诉说一种像音乐般能慰藉人的东西。我想画一些带有永恒意义的男人或女人，过去，这种永恒的象征是圣像头上的光环，而现在，我们设法透过光芒本身，借助颤动的色彩来表现它。”

营造一个世界不必万事具备，只需有幸福，仅此足矣。

——保罗·艾吕雅[1]

1 Paul Eluard（1895—1952），20世纪法国的重要抒情诗人，超现实主义运动的创始人之一。

夜幕星辰 >>>

繁星以其颤动的光芒撕裂着夜空，像从深渊中爆发出的一座座火山，向阴沉的天空射出一条条金色的火舌。地上农家院落的灯光照亮安详的村庄。四周是漆黑的乡野和山峦。1889 年的一个夜晚，梵·高正在作此画时，或许将蜡烛挂在了自己的帽子上，就像天色昏暗时他常常做的那样，一年前他就曾想描绘阿尔勒[1]的夜景。此时，他意欲在入住的普罗旺斯精神病院的花园里，捕捉黑暗与光明相遇的情景。当日常简单的幸福显得遥不可及时，慰藉我们心灵的就只剩下那繁星的光芒了……

有时幸福距我们如此遥远，以至于我们觉得它已不复存在。很久以来，我们只能感受到幸福在远方的窃窃私语。放弃？拒绝？不，这窃窃私语尽管离我们如此遥远，但它是幸福在某处存在的明证。那么就必须起来争战：不仅与外部争战，且与自己争战，与我们内心升起的黑暗势力争战。反对什么固然重要，但是为维护而争战更重要，如为了不忘却光明而争战。

1 Arles，法国东南部罗纳河口省专区。

《星夜》

梵·高的教诲：幸福的光芒助人走出心灵的黑暗

有这样一些奇特的时刻，幸福从苦难中突然显现并主宰乾坤。只有那些经历过绝对不幸的人才可能见证这种奇观。因此，诺贝尔文学奖得主、集中营的幸存者伊姆雷·凯尔泰什在一次访谈中说道："其实，在集中营里也有某种形式的幸福，是的，那是当我们觉察到一缕阳光带来的温暖，当集中营迎来美丽的黎明……"或是像《伊凡·杰尼索维奇的一天》作者亚历山大·索尔仁琴尼[1]所写《古拉格群岛》一书的主人公朱可夫："朱可夫心满意足地进入梦乡。这天给他带来一堆好运：没有被关进牢房；他们的小组没有被派遣到社会主义城去；午饭时他偷吃了一碗荞麦粥；……还有，他不但没有病倒，还驱走了病魔；一天过去了，没有一丝阴影，几乎只有幸福……"

从不幸中奇特地迸发出幸福的火花，如果这一现象普遍存在，有过此种经历的人其感受却千差万别。上文提到的凯尔泰什，一位深度悲观主义者和心灵忧郁的人，在上述谈话的后半截，很快就做了以下纠正："然而，这样的幸福比所有的苦难都更糟……"不过他最终并未能说服我们。诚然，这只是一些微不足道的幸福，但仍算是幸福。面对死气沉沉的状况，它们具有活力而不是相反。就像柏油路边生长出来的一株具有生命力的小草，最终总能顽强地存活：当人们不再铺设柏油路和高速公路时，那里还会有草儿生长。

1 Alexandre Soljenitsyne（1918— ），苏联小说家，持不同政见者，1970 年获诺贝尔文学奖，1974 年被捕并逐出苏联，后定居美国。

悲伤之人的祈祷没有通达上帝的力量。

—— 埃米尔·西月朗

梵·高在那个不幸的夜晚仰望长空，从中找到欣慰和快乐的理由，希望的理由，活着的理由。如若没有这些小小的幸福，他还能那样拼命地作画吗？

这些从不幸中迸发出来的幸福之光，宛如幸福存在的一种回声，一种标志，对于正在苦难中忍受痛苦的人而言，就是一种还要活下去的理由。

我们养成了一种懒惰的习惯，就是将不幸与创作相联系。仿佛艺术家只能远离幸福。樊尚·梵·高无可奈何地成为最有利于维持这种传奇的人之一。他的弟弟德奥写道："樊尚这个可怜的斗士和可怜、可怜的不幸之人，目前没有人能用任何办法减轻他的痛苦，尽管他自己非常深刻而强烈地感受到这一点。"倘若没有他那些撕心裂肺的感受，梵·高能画出他的杰作吗？无人能说清楚。作为治疗精神疾病的医生，我深信他会同样以天才的方式创作出其他的作品。为什么认为他的天分只靠其不幸来滋养？为什么不会是相反：也靠他那些接近或落空的幸福的梦想支撑。

在梵·高的作品中，为什么我们所看到的光明比黑暗更多且更强烈？促使他作画的，是他对生活和幸福的执着追求，而不仅是他的苦难。他一生都在重申：苦难曾是一种桎梏。甚至在临终的病榻上，神志半清醒的他，对弟弟德奥以及加歇特医生的鼓励做出了这样的回应：“这没有用，悲伤将持续终生……”他丝毫不承认其痛苦的价值，只承认已没有可能继续争战。

> 不要让苦难将我们压倒，也不要认为从中可以找到任何真理，以及任何对我们有益的教诲。让我们转而朝向心中光明的一面，而不是黑暗的那面。

与人交往可以治愈和拯救我们，但苦难一点点地扼杀这样的信念。痛苦使人孤独，悲伤情绪的自然和邪恶的走向，就是让我们远离他人：从小处言之，反复咀嚼的悲伤会造成自我中心主义；更严重的是，那些劫后余生或经历过极端痛苦的人，从此落下一种心理创伤，觉得自己永远异于他人。在痛苦中寻求退避的现象普遍、自然地存在，但并不因此它就应该被接受。再说其后果也并非千篇一律：有些人听任自己沉湎于痛苦的孤寂所带来的郁郁寡欢之中，并完全醉心于孤芳自赏和不被理解的幼稚的乐趣里；而另一些人则意识到，这种放弃只能助长苦难的力量，使自己沦为其奴隶。

梵·高渴望与人建立联系，就像他渴望幸福一样。然而这两者除了在他的艺术中，总是很难实现。他生活中的许多细节表明，他渴望成为一个易于与人交往的人：在阿尔勒的家中，他为得到当地居民的接纳，做了许多努力：他买了十二把椅子，希望组建一个像（耶稣）十二门徒那样团结一致的画家社团。他的这种意愿从何而来？他的父亲过去曾是位牧师，年轻时他也学过神学并尝试过布道，但都没有成功。从他留下的书信可以看出，梵·高是一个非常善良的人，十分真诚地乐意与他人分享幸福："描绘大自然丰富和壮观的景象，是我们真正的职责。我们需要快乐和幸福，需要希望和爱……""诉说一些令人鼓舞的事情，像音乐那样让人宽慰……透过一颗星星表达希望，借助日落的光辉表现心灵的炽热。"

在最极端的逆境中，最糟糕的逻辑和最大的诱惑，就是将自己孤立起来。诚然，我们需要独自进行许多争战来对抗苦难，然而，获得幸福的能力只能存在于与人交往和与人交往的愿望之中。

苦难不应把我们变成孤独者。把自己孤立起来，就是在失去幸福，阻碍幸福的重生。

因我唉哼的声音，我的肉紧贴骨头。

我如同旷野中的鹈鹕，我好像荒场的鸮鸟。

——《旧约·诗篇》102

《雅各与天使摔跤》(局部),1855—1861 年

欧仁·德拉克洛瓦(1798—1863)

在抹灰层上施油彩和蜡绘制的壁画,750 厘米 ×485 厘米,巴黎圣-叙尔皮斯教堂的圣天使祭坛

这幅巨型壁画是德拉克洛瓦[1]的精神遗嘱。人们可以在巴黎的圣-叙尔皮斯教堂那半明半暗的光线中随意地观赏它。德拉克洛瓦暮年多病,尽管如此,他还是从熟知的交际圈中退出,专心投入这最后一幅巨画的创作。作家莫里斯·巴雷斯[2]对该画做这样的注释:“年迈的艺术家在天使之墙上写下了自传的终页,概括了其伟大一生的经验,可视为他留下的临终遗嘱。”

在画的右下方,德拉克洛瓦画了一组真正的静物,其中协调地堆放着雅各为更自如地进行其生命之搏而搁置一旁的所有装备。这幅巨作完成后不久,画家便放下了自己的画笔。这就是他留下的墓志铭吗?

---

1 Eugene Delacroix(1798—1863),19 世纪上半叶法国浪漫主义画家、印象主义和现代表现主义的先驱。

2 Maurice Barres(1862—1923),法国作家、政治家。

摔跤的理由 >>>

雅各[1]低着头，全力以赴地投入摔跤。他在与谁交手？为什么搏斗？连他自己都不知道。唯一知晓的是，现在他只身一人，他的全部族人，包括家人和仆人，在他的帮助下，都已渡过了雅博格的激流，只有他一人断后，留在了河岸的这边，独自应战。雅各再次扑向对手。由于目光低垂，又受到自己是摔跤中的凡人的限制，他没有看出对手竟是一位天使。天使受到撞击身体后仰，但仍坚守阵地：请看雅各肌肉发达的上肢，他低俯的前额呈圆钝形，活像公牛头；再看天使那正直而严肃的面部表情，他的双脚牢牢地钉在地上，面对凡人的猛烈攻击，上身虽有些摇晃，但岿然不动。到了清晨，天使知道雅各不会言败，于是他捶打雅各的臀部。猛烈的撞击使雅各的股骨脱臼，他终于睁开了双眼。雅各明白了所发生的一切，遂要求他神圣的对手给自己以祝福。天使询问他的名字，接着对他说："人们将不再叫你雅各，而称你以色列，因为你曾与神与人较力，都得了胜……"（圣经注解人把以色列定义为："愿神显得坚强"或"与神摔跤的人"。）雅各退出摔

1 Jacob 是《圣经·创世记》中的族长，在与天使摔跤后得绰号以色列（Israel）。以色列人传统以他为本民族的祖先。

跤时瘸了，被打得鼻青眼肿，但得到了祝福，改变了容颜。

当周围的一切都已消失，最后的战役在我们的心中打响：我们必须面对疑惑、虚无主义、忍让及放弃的邪念。到底为什么争战？为何不随波逐流？诚然，我们隐约地感到拒绝争战就是拒绝生存，但毫无希望的争战是如此艰难……

> 在现实生活中寻求幸福，
> 这才是真正的叛逆精神。
>
> —— 亨利克·易卜生[1]

1 Henrik Ibsen（1828—1906），挪威诗人及剧作家，现代欧洲戏剧的先驱之一。

《雅各与天使摔跤》
德拉克洛瓦的教诲：为幸福重生而争战

根据保罗·瓦莱里的说法，足智多谋、有权有势且诡计多端的雅各，是一台卓越的“生命机器”。一个普通人，在既不知道对抗的意义，也不了解冲突结局的情况下，从何处能获得在黑夜中孤军奋战的力量？在精神病学领域护理抑郁症病患时常会遇到这种情况：那些丧失了“生命冲劲”的人只会不断地重复“我没有力气了”。其实，把他们引向深渊的并非完全是寻死的愿望，而更多的是对生活的厌倦，以及付出努力活着的态度，如同一个精疲力竭、垂死的溺水者无力拼搏而放弃挣扎一样。诚然，从物质的层面看，无望的行动有时显得荒唐：它不一定能改变世界。

> 然而从精神层面看，行动总是有拯救作用的：它赋予现实以意义，让我们得以幸存，它对我们进行疏导，为我们绝望的邪念划定范围和限度。

为何总有人极力为逆境的存在寻找意义？在《圣经·约伯记》中，正直的约伯承受着最深重的苦难。前来看望他的三个朋友都深信他受到的惩罚罪有应得，并且试图说服他相信这一点。而约伯却对他们发火，他知道自己未曾干过任何坏事。这种非要给不幸找到其隐含意义的顽念，是一种危险的倾向。心理学的理论认为这导致了许多恶习的形成。弗里茨·左恩[1]在他的自传《战神》中，就将自己的癌症归咎于他所接受的令人窒息的教育。于是，疾病在他眼中被赋予一种解脱的意义，似乎是癌症让他摆脱了那如此沉闷的生活。今天，所有这些关于不幸与生存的苦恼，可在身心（肉体与精神的）之间转换的理论和信念，都从根本上受到了质疑：并非这种现象不存在，而是它常常仅为众多因素中的一个，极少单独起作用。

> 痛苦不见得有明显的意义，顶多起到事后警示的作用。唯一的益处，便是为将来从中汲取教训，用以改善自己或别人的生活。

雅各在那夜摔跤之后有了深刻的变化。不幸真的会改变人的面貌吗？这点毫无疑问，而且加倍地改变：它令我们异于过去的自己，也让我们区别于其他那些没有经历过我们的遭遇的人。然而，真正的问题在于：不幸是否比幸福更能改变一个人？不幸常显得更加刻骨铭心，这并不因为它是一场灾难，而是因为我们对它更难以接受，就如同撰写《魔鬼附身》的诗人雷蒙德·拉迪盖[2]所言："逆境丝毫不被接纳，只有幸福看来才是天经地义的。"但是，要提防"逆境改变面貌"在评估上的错误：或许并非苦难本身，而是我们与其争战改变了我们，可能是争战的经验和回忆而不是苦难本身令我们更加充实。这就是那位有见识的艾蒂·希勒申在她的日记中所说的："经受争战的锻炼，

1 Fritz Zorn（1944—1976），瑞士德语作家。

2 Raymond Radiguet（1903—1923），法国早熟的小说家和诗人，十六七岁时已成名。

但不要变得冷酷。”

唯有与苦难抗争，才能让我们增长见识，成熟壮大。而苦难本身只会使我们变得冷酷无情。

在苦难所导致的不胜枚举的危险中，自然包括人的沉沦：肉体方面是由于疾病或自杀；精神上便是因为抑郁症。随之而来的是苦涩、玩世不恭和经常地持否定一切的态度，并以这种目光看待自己和别人的生活：苦难的经历可以使人认为一切都是荒谬和徒劳的，甚至幸福以及对幸福的追求也如是。

因此，外部以及内心的争战绝对必要，为的是保护幸福的回归，以便来日能重新获得幸福也使别人幸福。此任重且浩繁：当自己被不幸湮没时，必须做出非凡的努力，承认幸福依然存在，绝对存在，且存在于其他的生命之中。

不幸的最大胜利，是让我们放弃对幸福的向往，使我们的灵魂受到苦涩和玩世不恭的侵蚀，长此以往便使幸福无法回归与重生。

痛苦是一头骡子：它既犟又无生育能力。

——维克多·雨果

黎明：幸福的回归

春天的幸福感

《花儿盛开的杏树》

勃纳尔的教诲：增添幸福的智慧

重新找回的幸福

《帕拉瓦的海边》

库尔贝的教诲：这就是幸福的一刻

幸福是一则长篇故事

《浪子回头》

伦勃朗的教诲：宽容

幸福的睿智

《银杯》

夏尔丹的教诲：宁静的幸福

有永恒的幸福吗

《十月的傍晚》

斯皮里阿厄特的教诲：幸福地享受生活，为的是不再惧怕死亡

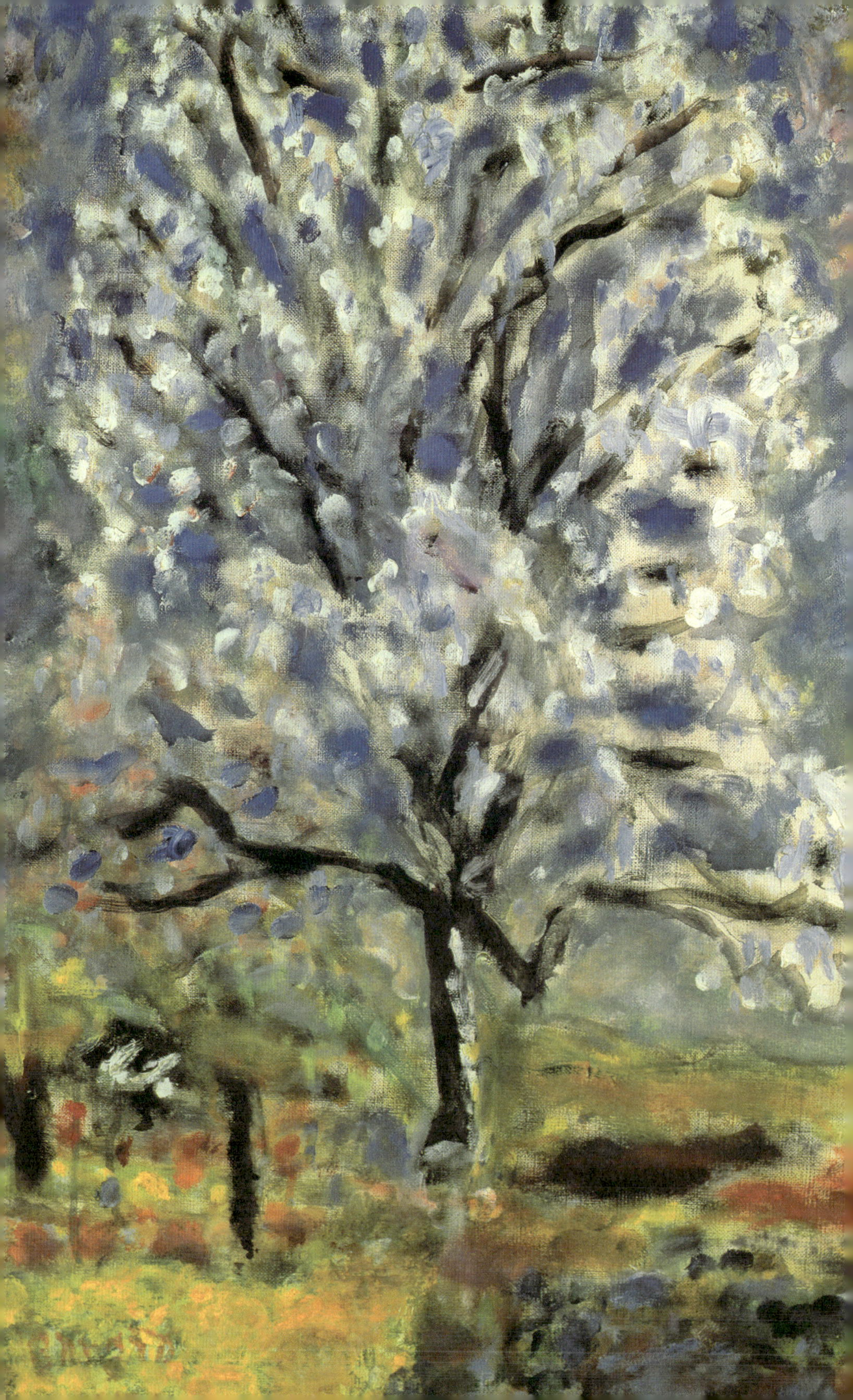

《花儿盛开的杏树》，1947 年

皮埃尔 · 勃纳尔（1867—1947）

油画，55 厘米 ×37 厘米，巴黎国立现代艺术博物馆

与梵 · 高相反，勃纳尔生前就得到世人的认可，是活着时感到幸福的艺术家。尽管年事已高，他满怀喜悦一直画到生命的最后时刻。每年，勃纳尔都毫无例外地被春天所感动，而最后一个更是不同寻常。据他的一位传记作者称，他在加耐家中的卧室窗外有一株杏树，“它或许从未像那年的春天那样，身着如此华丽的盛装，仿佛要向他许诺一些美妙的时光”。他的这幅像杏树般单纯而光芒四射的画作，告诉我们这个有关幸福的基本道理：它既不存在于将来，也不存在于过去，而是存在于当下的现实生活中。

春天的幸福感 >>>

春季来临。像往年一样，一株盛花期的杏树将白色尽情地往蓝天挥洒，把天空挤到了画布的尽头。这幅未完成的画作是勃纳尔[1]最后的作品，临终前还搁置在他的画架上。他的家人说，直至最后时刻，画家仍在加以润色，尤其是那片橄榄树下的土地："左下方这小块地面的绿色不适宜，应改为黄色……"

杏树是严冬过后最早开花的树木。杏花怒放，预示着春的试探和迫不及待。这每次都令我们心绪万千的春天就在眼前。而让我们更为激动的是，春天回来了：我们总是本能地惊叹它的出现和回归，就好像每个春天都只能比往年的更美。这永恒的反复似乎是幸福的一种积累沉淀。好像季节的循环，只不过是为了增强我们感受幸福的天性和对幸福不可或缺的信心。我们每年都赞叹春天的来临，是否因为我们幸福的智慧在增长，因为我们的目光变得更敏锐，更能够直奔要领：直指活着的幸福。

---

1 Pierre Bonnard（1867—1947），法国画家。

《花儿盛开的杏树》
勃纳尔的教诲：增添幸福的智慧

在不幸之后再度感受幸福！历经艰辛、痛苦、不安、烦恼、阴沉，在停顿之后，重新呼吸、微笑，让生活再度充满声响、气味、光明和色彩。像昨天一样，感到自己和周围都充满生机。

> 重新点燃希望，相信今天的幸福明天还会延续。找回幸福的无限可能性。

生活可以是艰难的，世界冷酷并充满暴力。因此幸福必须回避两种暗礁：一是幼稚（“只要做正确的事我就会幸福”），二是盲目（“万事具备，一切都会如愿以偿”）。要知道幸福并不常常相伴，而是在有规律的间歇中重现，因此在它持续的期间，就需要一种睿智，正如安德烈·孔特－斯蓬维勒提到的：“最大的幸福寓于最大限度的清醒头脑之中。”这种没有幻想的明智，在于懂得幸福不但重要，而且对我们性命攸关。

> 运用我们的心灵和智慧去寻求幸福。在它每次隐没之时，反思其性质、认识其规律性的重现。让我们追求幸福的本能随着生命不断增长……

日益年长意味着日益成熟吗？不那么容易。有的人越老越尖酸刻

薄……事实上，越是年老体衰，越是容易受到苦涩、悔恨和玩世不恭的影响。但这并不意味着幸福只依赖于纯真和青春。事情比这要复杂一些。所幸的是，对所有人而言，滋养幸福之树的汁液不是青春，而是生活本身。

生活的睿智属于那些接受时光的流逝，并继续享受目前光阴的人。这也是幸福的睿智。

天堂不在地上，
但在人间可以找到它的星星点点。

—— 儒勒·勒纳尔

《帕拉瓦的海边》，1854 年

古斯塔夫 · 库尔贝（1819—1877）

油画，39 厘米 ×46 厘米，法国蒙彼利埃费布利博物馆

古斯塔夫·库尔贝[1]常被视为现实主义画派的首领，他将之前的理想主义和浪漫主义的一页掀了过去，致力于描绘人间喜剧的众生相。他还是一位获得社会主义者蒲鲁东[2]支持，介入政治斗争的艺术家。由于参加了推倒旺多姆柱[3]的事件，他在监狱中待了四年。然而，他的生活和作品中还有另外一面：这个大块头、惯于夸口、酷爱打猎、超前的环保主义者，亦是一位热爱和表现大自然的画家。如同其他画作一样，他在这幅《帕拉瓦的海边》的画中，以对待社会题材同样的激情和自由度，讴歌了大地的美丽与无垠。就好像他需要通过凝视大自然吸取养分，回归我们动物性的根，找回单纯和基本的幸福。

1 Gustave Courbet（1819—1877），法国画家，19 世纪中期现实主义绘画创始人。

2 Proudhon（1809—1865），法国社会主义者，第一个自称为“无政府主义者”的人。

3 拿破仑称帝后（1806—1810）为纪念其在奥斯特利兹战役中的功绩，将缴获的大炮熔化成铜，铸成了矗立于旺多姆广场中央的青铜柱。1871 年巴黎公社起义时柱子被推倒，1874 年复原，顶上重新放置拿破仑的塑像。

重新找回的幸福 >>>

旅行者归来观海。他并非偶尔路过，就是专程徒步而来，目标十分明确。他并不为自己看到的一切感到惊讶，但十分明显，他的感受比惊讶更为强烈。我们看到的是重逢带来的朴实和略有节制的幸福：那致意的优雅手势，表现出一种默契（“咱们俩又在一起了”）、欢乐（“可等到这一天了”）、谦卑（“在你面前我显得如此渺小”），还有那么一点自豪：少了这个小男人和他那满怀激情的举止，这幅画就会变得既无魅力又无意义……

为什么重逢的欢乐，有时会比初生的幸福来得更强烈、更激动人心？是否因为我们如此快就习惯了彼此拥有，以至于时间一长就渐渐失去新鲜感？或是因为分离、中断，提高了幸福的身价，让我们更认识到它的意义？

为了提升我们对幸福的认知，有时我们需要离它远一点。它的间歇可能是一种微妙的必需……

> 要让我表达对世界万物的赞叹之情，
> 一句话足矣：世界是一个奇迹。
>
> ——路德维格·维特根斯坦[1]

1 Ludwig Wittgenstein（1889—1951），生于奥地利的英国哲学家和数理逻辑学家，20 世纪英语世界中哲学界的主要人物。

《帕拉瓦的海边》

库尔贝的教诲：这就是幸福的一刻

我知道库尔贝画的这片帕拉瓦海滩，甚至对它非常熟悉。我童年时每个夏天都在此度过。假期的第一天，当我们抵达这里，我总是径直向沙丘跑去，翻越它远眺大海。

很久以后，我与一位病重的女友重返此地，我们坐在海滩上观看波涛。那已是日暮黄昏，我的思绪不住地陷入她即将面临死期的痛苦中。心中翻滚着焦虑和伤感的浪潮。那时海浪的起伏不断地将我带回到现实——也就是回到对她生命的关注，回到我们共同遥望天边的那一刻。

那时毫无诗情画意可言，因为我的女友正在忍受煎熬。吞噬她肌体的病痛开始令她神志不清。没有诗意，只有一种可怕的紧张气氛，我们面对的是完全无法逾越的、严酷的人类生存状况。除了涛声的喧嚣之外，剩下的就是介于过去与现在、生命与死亡、平安与痛苦之间的纷繁思绪。尽管身患重病，我的女友仍然尽一切可能抓住这个时刻。无论随后将发生什么，这也算是一个幸福的时刻。几天后，她在法国朗格多克省炎热的夏季中与世长辞。人们常说，对于逝者最重要的，是记住他们活着和幸福的时刻。

能够对自己说：不管过去发生过什么，也不管今后会发生什么，仅仅为了这一刻，也值得活着。这是否就是幸福?

无论如何，库尔贝向大海致意的这一个小小的手势，壮观至极！它意味着："我认出你来了，我爱慕你，我向你致以崇高的敬意……而且我是那么的幸福！"

库尔贝庆祝这一时刻的理由多么充分！尤其是把这一场景表现出来，用画笔赋予它生命。而每当我们意识到一些幸福的时刻时，多么应为之命名！

> 有一句充满魔力的话语，就像孩子们发明的那种：每回幸福出现时只需对自己讲一句话，这句简单的话就是："这就是幸福的一刻。"

感到幸福，就是克服了对幸福的忧虑。

——莫里斯·梅特林克[1]

---

1 Maurice Maeterlinck（1862—1949），比利时作家，1911 年曾获诺贝尔文学奖。

由觉察到认知幸福，这样做让我们达至一种永恒的状态。幸福并不会永存，但我们曾经拥有的这一刻永远是真实的。有的人会说：为什么要下功夫去感受幸福？这样不会破坏它那非物质、不可捉摸的精髓——精神本质吗？为什么要用一些必然是笨拙和误导性的字眼，来形容如此微妙和易于消逝的感受呢？回答十分简单：因为活着并不只是体验，而是要创造自己的世界。在《创世记》中，上帝为他所创造的东西命名。上帝赋予万物以生命时，也给它们命名。我们肯定不是上帝，但我们仍旧是自己的幸福的缔造者（造物主——柏拉图哲学用语）。造物主并不创造，他只下指令。安德烈·孔特－斯蓬维勒[1]提醒我们：这是一名“神一般的工匠，不完美但灵巧”。

我们就是这样经营我们的生活。我们不仅接纳幸福，我们还可以创造幸福。它有时是和谐的，有时不大牢靠。用不着一定要当个艺术家，设法创新，成为唯一的或令人仰慕的那种人。

让我们仅满足于做自己的幸福之缔造者。

事实上，伴随逆境的是至福！
是的，伴随逆境的是至福！

——《古兰经》94

1 André Comte-Sponville（1952— ），法国哲学家。

《浪子回头》，约 1669 年

伦勃朗·凡·里纪尼（1606—1669）

油画，262 厘米 ×206 厘米，圣彼得堡埃尔米塔什博物馆

这幅尺寸可观的画作是伦勃朗[1]的最后一件作品。与其说他画的是福音书上的一段著名的故事，不如说他透过描绘这一饶恕和爱的举动，展示了一个人性故事的深邃含义。时光留在父亲脸上的唯一印记是光明，它揭示了安详和绝对的献身精神。这种完全信任的姿态，可否视为画家当时精神状态的象征？仿佛画家决定在临终前跟自己讲和。这幅画是他去世那年完成的，那时他的星辰已然黯淡，生活拮据，转向心灵的修炼。他的儿子提图斯几年前已经离世……

---

1 Rembrandt van Rijn（1606—1669），荷兰伟大画家。

幸福是一则长篇故事 >>>

上帝啊，他这是上哪儿混世去了?!剃了个像苦役犯或徒刑犯一样的光头,两只光脚踏着一双破旧的木底套鞋,浪子终于回头了,他曾“去远方”过着“花天酒地的生活”，挥霍掉自己的那份财产。待会儿他将叙述自己曾喂过猪，好多次因为太饿准备以猪食充饥。回来的时候他怕被赶出家门，怕被人奚落，怕不堪忍受责骂。事实上，位于画中暗处依稀可见的他的兄长和家人们确实正想这样做。然而，他的父亲第一个做出了反应。他满心喜悦：是他先朝儿子跑过来，儿子却犹疑不决。福音书告诉我们,此时的父亲“不住地亲吻儿子”。《圣经》中说，这是父亲对待儿子的了不起的姿态，一个了不起的时刻，也是有关爱和智慧的了不起的一课。“我那已经失去了的儿子又活过来了，他曾堕落，现在又回来了。”一缕金色的光芒照耀着他们的拥抱。儿子紧闭双眼，此刻他像一个孩子如儿时那样依偎在父亲的怀中。他忽然明白了父亲对他怀有的无限的爱。所有的错误，所有的苦难——只因有人爱过我们，而且继续爱着我们——最终都化作了宽恕和幸福……

《浪子回头》

伦勃朗的教诲：宽容

在幸福之路上犯过多少错误！失去多少光阴！付出多少努力！曾几度愤怒，又曾几度绝望…… 懊悔无济于事。这通往幸福的漫长道路，这永无休止的求索之旅，不正一点点地引导我们认识自己的本质、发现生存的意义吗？因为所有错误、苦难和流浪，都构成了我们的幸福史。它们赋予幸福以含义、特征和只属于每个人的秉性特色。如若我们以画中父亲迎接浪子归来那同样的温情，看待和接纳所有前进道路上的坎坷，或许还能品到幸福的滋味。

虽然已错过了那么多的幸福，但千万不要后悔。现在的痛苦，再加上过去的痛苦将成为双倍的煎熬：这样做既于事无补，又自欺欺人。关于悔恨，心理学已有过许多研究。我们知道，现实的经验会冲淡对过去的悔恨：哪怕是遭遇失败或无果而终。我们对曾经真正全身心投入去做过的事，也会少些遗憾。我们还知道，对采取过的行动，比无所作为要少些惋惜：从长远来看，几乎总是对做过的、即便失败的事，也比没有尝试去做，要少些自责。其原因多种多样，但主要的一点是：行动。至少在当时，会产生幸福。阻止自己行动，则只能安于现状……

原宥，就是按照情况，
拒绝惩罚或仇恨，甚至有时不予评判。

—— 安德烈 · 孔特-斯蓬维勒

我们有充分理由接受过去。不一定赞同，但要接受。在接受之后实行辨别：明白在自己的经历和轨迹中，哪些是自己想再次看到的，哪些是不想再经历的。

为了构筑幸福，我们得把一切努力投向现在。用我们的过去使现在更为丰富，而不是更加沉重，备受阻碍。与自己讲和，是获得幸福的一把钥匙。

画中这位年迈的父亲明白，不必在责备、训斥、惩罚和其他报复行为上浪费时间。儿子经历的不幸和考验已经足够，可以并应该从中吸取教训。经历考验之后，尤其需要的是重新获得心灵的安宁。狄德罗[1]说过："只有一个责任，就是活得幸福。"他无疑想提醒我们，尽管这不是唯一的，但无论如何是首要的义务。经历了痛苦之后，在愤恨甚至在分析和理解之前，只有一件要务：那就是恢复平静，重获幸福。这一切往往通过宽恕得以实现，否则会有太多的怨恨，太多哪怕是正当的愤慨！这不值得耗费时间和精力。在人的一生中，宽恕和憎恨的机会均等。增加不幸与重获幸福之间，有同样多的十字路口。难道要让苦难遮住我们的双眼，以至于一错再错……

1 Denis Diderot（1713—1784），法国文学家和哲学家，曾主编《百科全书》并在科学思辨及文艺评论等诸多领域做出杰出贡献，因之成为启蒙时代的巨人之一。

既然事情已真相大白：伦勃朗的画作告诉我们，当务之急是尽一切可能给予宽恕。

请看父亲脸上无尽的柔情，那搭在儿子肩头的双手，温情地呵护着他。一个懊悔，一个宽恕。一个相信仁慈，一个大发慈悲。在这一刻，这两者中谁最幸福？

热爱真理，但宽恕过失。

——伏尔泰

《银杯》，1768 年

约翰 · 西米恩 · 夏尔丹（1699—1779）

油画，33 厘米 ×41 厘米，巴黎卢浮宫博物馆

夏尔丹很年轻时就已成为法兰西学院院士，但他属于只画“风俗画”和“动物与水果”等静物的次要等级的人才。而那个时代最为人们看重的是巨幅的历史题材画作。夏尔丹的生活酷似他的绘画：平凡得像谜一样让人捉摸不透。这位平常人的艺术得到了他同代人中佼佼者的赞许。狄德罗曾这样评论道：“就数他懂得色彩和反射光之间的协调。啊，夏尔丹！你在画板上研磨的不是白色、红色、黑色，而是事物的本质，你用画笔尖捕捉到并点在画布上的是空气和光线。”没有人比夏尔丹更善于充分表现日常物件的可爱品格。

幸福的睿智 >>>

一只银质高身宽口杯、三只小红皮苹果、一只碗并内中放置着一把勺子，背对着观赏者，还有两只栗子。所有这些都搁置在一张石板台面上。在灰暗、梦幻般的光线笼罩下，一切显得那么美丽而单纯。这个暗淡房间的一角，这些此刻被人随意放置在那里的物品，有如某些描绘正面端坐的基督圣像或圣母马利亚画像那般庄重气派。这并不像上个世纪许多荷兰大师所画的那类完美的静物画、那种仅满足于自身价值的作品。那种画作由于无可挑剔并可以引以为自豪的技术，对于观赏者，除了赞叹其成就之外，别无所获。然而，夏尔丹追求的不仅是这种模仿真实的效果，他还想让我们看到，模仿对他而言只是一种手段,不是目的。这幅画教会我们如何观察物品那无声、秘密的生命。它激励我们思考。为此，在谈到夏尔丹的手法时，人们说，这是“经过深思熟虑的艺术”。再也没有比这更准确的评价了。

这一艺术将我们定格在现实里，在充满诗意、力量和当下的生活里，引领我们进入幸福的候见厅。

《银杯》

夏尔丹的教诲：宁静的幸福

在寻求幸福的征途上，我们经历了多少挫折！幸福之港已近在咫尺。不过，这只是一个中途停靠站。不久以后，还要再次启程，但不是立刻。在这次旅途中，我们有所改变。像禅宗故事讲的那样，我们领悟了某些细节的重要，轻微举止的分量，短暂时刻的滋味，平常物体的威力。

> 我们终于知道幸福会从何处涌现：它来自微乎其微的事物，来自我们从未留意的东西。我们以前对此视而不见，无动于衷……

现在我们还懂得，幸福是一个只能慢慢尝试着去接近的理想，而不是必须立即达到、令人精疲力尽、别无他择的绝对目标。这就是为什么蒙田在他的《随笔》中指出，幸福的睿智首先来自实践，而非来自知识："尽管能够利用别人的知识使自己成为学者，我们却只能运用自己的智慧，使自己成为智者。"

> 幸福的实践，便如同对灵魂的耐心耕耘，或者像学习一种乐器：每天做一点短暂、轻微的努力，为的是能不时地体验到那令人飘飘欲仙的美妙时刻。

这种练习做得越多，就越会经常感到一切在腾飞，在放射光芒。幸福的"秘诀"早就众所周知：建立最基本的物质基础，接纳小小的幸福，时常轻轻地避开小小的不幸，当苦难降临时紧紧地抓住生活不放。这一实践很简单，但不易做到。然而，随着幸福的产生和再生，我们逐渐注意到，幸福所需要的条件越来越微不足道，而且我们越来越善于在生活和心灵中为幸福留出一片天地。

这种越来越容易感受幸福的能力有个名字：精神修炼……

我们刚刚提到，要善于认识和接纳幸福，这是一门艺术，一种智慧。怎样才能在幸福缺失时，不至于蒙受痛苦？冥想可以对我们颇有裨益。现代科学和医学开始十分慎重地研究冥想的运用。不是按照西方传统，对一个主题进行深入思考的步骤，而是东方传统中的一种参与现实世界的行为。在心理治疗中，我们把冥想作为护理手段之一，目的在于防止病人抑郁症的复发。训练的方法就是让他将心思集中在现时，不要评判在我们身上或周围发生的事。只接受眼前的现实，每次“走神”之后慢慢地再回到现时中来。绘画正是这样适用于冥想：虽然在激发强烈的情感方面，绘画不如音乐或阅读那么有力，但它却更能唤起我们心中微妙的情愫，与世界建立祥和的联系。

神灵并不可怕。死亡也不可惧。

人可以承受痛苦。人亦可以获得幸福。

——第欧根尼[1]

1 Diogene Laertios，公元 3 世纪希腊作家，第一部希腊哲学史的撰写人。

冥想与幸福之间到底有什么关系？两者都让我们学会生活在现在，不要生活在过去——为之悔恨或哭泣，也不要生活在将来——充满忧虑并意欲加以控制。许多人从来不在现时中寻找幸福，而是在回忆中叹息，正如雷蒙德·拉迪盖的诗中所说的那样：“幸福，我只在你离去的脚步声中将你认出。”我们参与现时的意识越强，我们获得幸福的能力也越强。冥想帮助我们更栖身于现时，也帮助我们在不幸或有难的时候不再雪上加霜：如同接纳幸福一样，接受它的缺失。冥想所追求的，是平和而非平淡，是退让而非漠然：冥想并不是用来取代行动，而是置于行动之前和行动之后；它与最有天赋的人为伴。冥想并不试图消除对幸福的焦虑，或仅仅与焦虑抗争，而是完全融入幸福之中。

冥想就是这样帮助我们扩大与幸福的关联：让幸福滋养我们，而不仅只是为之欢欣。

生命永驻的是那些活在现实中的人。

——路德维格·维特根斯坦

再回来谈谈夏尔丹，看看他的画作，欣赏他的才华，回到画中那定格的刹那，深切地品味那轻松的感受。让我们看着画作冥想。在人生的历程中，有些日子里，我们会感受到一种发自内心的宁静，与弥漫在这张小小的杰作中的“物品的宁静”相呼应，与周围广袤世界的宁静产生共鸣：那是一种更为广阔的宁静——或实或虚，如梦如幻。最初的精神分析学家将这种“海洋感觉”[1]理解为一种退化，而今天人们揣测，这可能是意识的一种高级状态的雏形。感谢夏尔丹的画作，我们不再局限于凝视、欣赏，乃至冥想。我们心驰神往，忘却了理解、行动或思考。画

1 心理学的一个术语，指的是一种与宇宙（或比自己宏大的东西）融为一体的感觉之表达。此一与愿望相关的概念最初由法国作家罗曼·罗兰提出，后来奥地利心理学家弗洛伊德在他的著作中加以发挥，得以传播。

作与我们之间的界限已变得模糊。我们置身于画中，我们就是这幅画。我们逐渐进入一种近乎静修的状态。安德烈·孔德－斯蓬维勒对此给出了最佳定义："知道面前是什么，但并不想使用、占有或评判它。这是精神境界的巅峰……此时，自我已融化在对客体的凝思之中。"

静修的手段引起心理学研究者的极大兴趣。在所有方法中，唯有它能让人以物质的方式了解肉眼看不见的事物：从来没有人看到过爱情、无限和宁静。通过观察、直觉、思考，我们料想它们的确存在。静修让我们对此有所了解，至少可以感知。

静修，让我们能够接近幸福的一种基本状态：做到自我消融，或是自我无限扩展。融于世界，是何等幸福。有的人会说：超凡脱俗。

永恒这个概念确实无上崇高。
然而所有永恒的时空和机遇都在此时此地。
上帝本人也是在此刻达到顶峰，
即便再过千秋万载，
也不会比现在更加神圣。

——亨利·大卫·梭罗[1]

1 Henry David Thoreau（1817—1862），美国评论家、超验主义作家和诗人。

《十月的傍晚》，1912 年

莱昂 · 斯皮里阿厄特（1881—1946）

彩色粉笔、彩色铅笔纸板画，70 厘米 ×90 厘米，布鲁塞尔斯皮里阿厄特作品收藏中心

“我对学前的儿时保留着十分迷人的记忆。自从被送进学校以后，人们偷走了我的灵魂，我再也没能找回它。这一痛苦的寻找，构成了我整个绘画的故事……”人们很容易想象斯皮里阿厄特在奥斯坦德沙滩上闲逛，带着怀旧的心情寻觅儿时幸福的情景。他的整幅作品像是给我们讲述一个孤独男人隐秘的伤感。这位画家一向偏爱铅笔、粉笔及中国水墨。这些描绘脆弱形象的工具反映的正是其风格的特点。

不论死神何时光临，我都会笑脸相迎。

—— 马可·奥勒留

有永恒的幸福吗 >>>

在这幅大粉画里，集中了斯皮里阿厄特[1]全部奇特的艺术——影子、光线、神秘感：一个行进中的影子，一个非真实或不存在的地点。她的身躯略微前倾，是因为匆忙？她到底忙着上哪儿去？抑或是由于疲惫？那么她是从哪里来？一种黄色、热烈、耀眼的光线，呈辐射状照亮整个场景。光线如此强烈，以至于将人的轮廓变成了一个行进的阴影。光线浓密得犹如滂沱大雨。神秘而矜持的莱昂·斯皮里阿厄特，他这幅画的创作灵感或许来自晚间漫步于奥斯坦德[2]海滩的漫长时刻，那是他的故乡。在那里别人看到的只是一个逆光而行的女人，而他可能明白，在那确切时刻发生的某种特殊事件。像一个启示……对一个过程的感悟，在耀眼的光线照射下，像是两个世界之间分界的显形。是生与死吗？幸福也处于两个世界之间：物质的（幸福不期而至的条件）和精神的（幸福让我们向往何处）。幸福也是一个过程，它要往何处去？是去一个候见厅吗？接待谁的候见厅？

我们的心灵趋向幸福的时候，我们去往何处？这幅画没有给出答案：唯有炫目的幸福之光……

---

1 Léon Spilliaert（1881—1946），比利时画家。

2 Ostende，比利时濒临北海的港口城市。

《十月的傍晚》

斯皮里阿厄特的教诲：幸福地享受生活，为的是不再惧怕死亡

幸福有超然的特性，它常引导我们来到两个世界的临界处。此刻时间停止了，我们感到内心充满幸福或完全忘却自我。我们意识到某种联系，明了我们对某些超越或包围我们的事物的归属。幸福的分量有时并不重，但它总是很深沉，甚至令人眩晕。有时我们会意识到这一点。在这种时刻，我们明白幸福的含义远远超出单纯的舒适，而那些批判幸福的人，却正试图将幸福局限于小小的安逸里。

幸福是工具，用以了解世界最欢快和最神秘的表象。

如果只为了有一天死去，活着又有什么意义？既然所有人的生命都必将结束，幸福不是很可笑吗？那么这幸福到底有什么用？只有一种可能的回答：幸福大概是我们那痛苦的、令人难以忍受的死亡意识的解毒剂。在所有动物中，我们是唯一知道自己必死的。怎样才能承受这一意识而仍然能继续活下去？靠的便是幸福。它是面对死亡恐惧唯一持久、有效的良药。幸福在击退这种恐惧时并非要摧毁它，如同有时我们会在行动或娱乐中逃避那样，是要教会我们接受死亡。

我在哪里，哪里就是地上的天堂。

——伏尔泰

由于死亡的存在，我们必须活得幸福。

我们祖先的生活是如此艰难，以至于他们必须臆造一个可能有幸福的地方。一个很久以前人类被驱赶出来的地方，一个可以寄托梦想的地方。对于那些生活艰难且不稳定的人们，天堂的想法虽无法立即实现，但符合完美和永恒的幸福愿望。这是一个美好的想法，一个了不起的许诺。有时我们仍然相信有天堂，然而，眼下另一个梦想正在将其取代：那就是幸福。这个进程并非偶然。我们已经看到了，幸福可以让我们心中充满永恒的感受。在这幸福的一刻，时间停滞了：于是我们仿佛获得了永生。天堂许诺明天赐予我们的所有一切，幸福今日就给予了我们。这些充满魔力的时刻，让我们在摸得着的生活中体验了何为天堂，倘若它存在的话。同时我们也领会了什么是永存：不再惧怕将来发生的事情。一刻的幸福，就是天堂的一次体验。

每当我们感到幸福的时候，我们都是永生的。天堂就在这里，就是现在。

一种不需要其他证据便能确定的、

非常充分的快乐，让我可以坦然面对死亡。

——马塞尔·普鲁斯特

腾飞：乘风而起

《户外人像写生：脸朝左面打阳伞的女士》，1886 年

克罗德·莫奈（1840—1926）

油画，131 厘米 ×88 厘米，巴黎奥赛博物馆

莫奈将他那兼作画室的小船，停靠在爱普特河[1]口的奥尔蒂岛上。有一天，当他作完画回去时，远远看见斜坡上的苏珊，那是他的伴侣爱丽丝的女儿。这对他来说像一个旧日的幻影，让他回想起过世的妻子卡米耶。随后几天他和苏珊一同回到这里，通过写生，如实地抓住这一印象。他一共画了两幅，一幅脸朝右侧，另一幅，也就是此幅，脸朝左侧。他画的是一位 18 岁的少女，抑或对亡妻的追忆？这是 1886 年，此时莫奈已在纪维尼住了三年，并在那里一直待到去世。这一时期正值印象派画家们最后一次集体展出，也是莫奈最后一次画人像（画中的人像面部已融入景色中），后来他便只专心致志于描绘自然景象的各种变化。在作这幅画时他已宣称："我像以往一样要做新的尝试，我所理解的户外人像写生，应像画风景一样地处理。"

---

1 Epte，法国塞纳河支流，在巴黎西北。

>>>

可能是一个梦，或是忽然冒出来的一个儿时的记忆，或许没有任何缘由。浮云随风飘拂，天空晴朗，空气温润。一个打着小阳伞的女人伫立于风中。她遥望着远方，人们看不清她的面孔。

她是谁？而你呢，你确切的位置在哪里？这个女人是你吗？她是你的母亲？你的祖母？你在云中，或在风中飞翔？抑或你是旷野里的一根小草？发生了什么事情？你是否正在经历诞生或是死亡？这是什么时刻？它到底意味着什么？此刻是否又会突然发生什么？

所有这一切都毫无意义。事实上，这就是幸福的一刻，除此之外，任何事情都不重要。唯一值得品味的是，在世界巨风中这幸福的一刻……

我在你面前给你一扇敞开的门，
无人能再关上。

——《圣约翰启示录》

译后记

2007年初，三联书店约我翻译这本《幸福的艺术》，我欣然应承，原因是，一方面本书从剖析名画这个特殊视角解读幸福的奥秘，颇有新意。其次，作为艺术史教授，里面不少内容我已熟悉。最后，此书出自一位法国精神病科医生之手，而我已和法语打了半个多世纪交道，法译中是自己的本行。

但万万没有想到的是，接受这一任务不久，我就发现自己得了乳腺癌，且肿块硕大（7.5厘米×8厘米），医生诊断为中晚期。在问及此病的治愈率时，主任医生的回答是：中期之前95%，中期之后5%，这无异于晴天霹雳：因为我平素酷爱运动，年逾古稀仍保持每次下水至少游一千六百米的纪录，故一年到头连感冒均极少，退休十几年来几乎每年都和夫君越洋旅游，足迹已遍五大洲……所以这一突如其来的噩耗，骤然间把我推入了无底的深渊。可是与三联书店签的约是一年交稿（2007年3月至2008年3月），于是在手术和化疗的间隙坚持翻译工作。情形无异于父亲（画家司徒乔）那幅题为《在不自由的地方画自由神》的画作（1931年他透过纽约移民局监狱的铁窗作成此画），只不过我是在一生最不幸的时候研究幸福之谜。

就在这一精神几乎崩溃的时刻，反复咀嚼本书作者在破解这全人类日益关注的命题时所作的全面、精辟的论述，使我的心智豁然贯通、开朗，获益匪浅，尤其是书中列举的名画家大多一生坎坷（如梵·高、伦勃朗等），却顽强地与厄运抗争，为后世留下了讴歌欢乐和生命真谛的不朽作品，凡此种种都给了我力量，加上对症的治疗和亲友的关爱，终于挺过了这一关：2008年3月如期交付了两份译稿（另一本为《禁苑·梦》，作家出版社出版），还奇迹般顺利通过了癌症治疗结束三个月后的首次复查。与此同时，病重时忘得一干二净的儿时就熟知的钢琴曲，此时也全都想起来了，而且还在一年中练会了李斯特的《安慰》Ⅲ，肖邦的两首夜曲和贝多芬的《月光奏鸣曲》第一乐章等，美妙的旋律不但净化了心灵，也驱走了悲凉。日前北京的第一场春雨让枯黄的树木一夜间披上了绿装，花园里的玉兰含苞欲放，病后的第一个春天似乎比以往任何一个都更美丽，因为盎然的春意带来的是无限的希望！现在每天醒来的第一个惊喜是："我还活着！"接着便想大喊一声："活着真好！"

这次与死神擦肩而过的经历刻骨铭心，从中获得的最大的启迪是：人生中无论遇到多么大的磨难，千万不要放弃对幸福的期待和追求，只要坚持这一条，终究会得到幸福的眷顾，"哀大莫过于心死"，只要心不死，永远有希望获得幸福。

此外，幸福这门艺术的确可以学到手，只要用心体会其中的哲理：对生命，懂得感恩和珍惜；于苦难，学会坦然面对，从而增强信心，减少盲目性，远离恐惧、绝望等令人颓废、消极的情绪。本书作者说得好，人是动物中唯一知道自己必死的，因此每次磨难都是最后一幕的一次小小的排练。我想，如果一个演员每次彩排都能从容应对，到了真正演出时就不会怯场。正如马可·奥勒留所说："无论死神何时光临，我都会以微笑相迎。"愿广大读者能从这本传授幸福之道的论著中获益，人人活得轻松，过得幸福。

司徒双

2008年3月26日（本人发现癌症一周年）

当获悉本书修订再版的消息时，我心中的喜悦之情难以言表。回想从2007年初接受翻译任务至今，八年多时光过去了，在这比全民抗战还长的岁月里，我先是与突然发现的晚期癌症做斗争，继而经受老年丧偶的考验。在那些几乎令人精神崩溃的日子里，是书中关于幸福的诞生、成长与消亡的论述振聋发聩，让我明白幸福与生命一样，不是永恒的，只要坦然面对，每一次磨难都会使自己更坚强，而且再恩爱的夫妻也不可能同时离世，悲观丧气无济于事。同时，作者通过名画赏析进行心理疾病治疗的尝试，还印证了艺术对改善心理健康所具有的不容忽视的作用，引发我把做一名传播美育的志愿者作为晚年的选择，此事成为我新的生命支点，让新的幸福由此诞生。现在，又以 80 岁高龄，每天在三亚下海游泳，八年前癌症的阴影已荡然无存，这样的精神和身体上的康复，既让我对世界更加感恩，也进一步体会到本书的魅力所在——教授人们在逆境中如何创造幸福的智慧。它的再版定将惠及更多面临人生各种难题的人们，帮助他们走出阴霾，获得身心的重生。

2015 年 12 月 15 日

DE L'ART DU BONHEUR: 25 leçons pour apprendre à vivre heureux
BY CHRISTOPHE ANDRÉ

图书在版编目（CIP）数据

幸福的艺术：品味幸福的25课／［法］安德烈著；司徒双，完永祥，司徒完满译.–2版.–北京：生活·读书·新知三联书店，2016.8

ISBN 978-7-108-05629-0

Ⅰ.①幸… Ⅱ.①安… ②司… ③完… ④司… Ⅲ.①幸福–通俗读物
Ⅳ.①B82-49

中国版本图书馆CIP数据核字（2016）第020546号

特邀编辑　张艳华
责任编辑　徐国强
装帧设计　张　红　朱丽娜
责任印制　徐　方
出版发行　生活·讀書·新知 三联书店
　　　　　北京市东城区美术馆东街22号
邮　　编　100010
经　　销　新华书店
网　　址　www.sdxjpc.com
排版制作　北京红方众文科技咨询有限责任公司
印　　刷　北京隆昌伟业印刷有限公司
版　　次　2008年11月北京第1版
　　　　　2016年8月北京第2版
　　　　　2016年8月北京第2次印刷
开　　本　635毫米×965毫米　1/16　印张11.5
字　　数　100千字　图数50幅
图　　字　01-2007-1905
印　　数　15,001-22,000册
定　　价　66元

（印装查询：010-64002715；邮购查询：010-84010542）